Frank M. von Berger

Heute genieße ich meinen Garten …

Ulmer

Frank M. von Berger

Heute genieße ich meinen Garten

... älter werde ich später

Was Sie in diesem Buch erwartet

Gärtnern macht glücklich

Aber oft ist es auch zu viel des Guten. Manchmal sieht man noch eine Menge Gartenarbeit vor sich liegen, obwohl einem eigentlich schon der Sinn nach Ausspannen und Genuss steht. Deshalb trat der Verlag Eugen Ulmer mit dem Vorschlag an mich heran, ein Gartenbuch für Menschen zu schreiben, die Ihren Garten lieben, ihn genießen, aber nicht mehr ständig im Schweiße ihres Angesichts darin schuften möchten. Das hat mich persönlich angesprochen. Ich fühle mich zwar mit Mitte Fünfzig nicht alt, spüre aber inzwischen manchmal die Grenzen meiner körperlichen Belastbarkeit. Meinen großen, gepachteten Nutzgarten mit Obst und Gemüse habe ich schweren Herzens vor zwei Jahren aufgeben müssen, weil das Gelände Bauland wurde. Doch ich habe immer noch meinen eigenen Hausgarten. Glücklicherweise, denn auf ein paar Beerensträucher, würzige Kräuter in Töpfen, duftende Blüten, im Sommerwind raschelnde Blätter und das manchmal fast meditative, genüssliche Werkeln im Garten möchte ich nicht verzichten!

Mit den Jahren habe ich gelernt, was man im Garten vereinfachen, welche Arbeiten man delegieren kann, und was man überhaupt nicht mehr braucht, um glücklich zu sein. Vielleicht kann ich Ihnen mit diesem Buch Wege ebnen, um ebenfalls entspannter zu gärtnern und die Tage in Ihrem grünen Reich wirklich unbeschwert zu genießen. Was ich auch gelernt habe: Die eine oder andere Entspannungsübung zwischen der Arbeit oder das „Glattbügeln" des geschundenen Rückens kann am Ende eines geschäftigen Tages nicht schaden. Deshalb finden Sie in diesem Buch auch Entspannungs-Tipps speziell für Gartenverrückte wie mich, die sich immer mal wieder zu viel zumuten.

Bei der Entwicklung dieses Projekts dachten mein Verlag und ich, dass es hilfreich wäre, auch andere Gartenfreunde mit ihren Erfahrungen in Wort und Bild vorzustellen. Wir hatten das Glück, Wolfgang und Gerlinde Walter kennenzulernen, die uns ihre Gartenpforte geöffnet haben. Sie gärtnern seit über 40 Jahren gemeinsam in einem Kleingartenverein am südlichen Stadtrand Karlsruhes und fühlen sich bis heute mit Leib und Seele mit ihrem grünen Hobby verbunden. Herr Walter ist seit mehr als 17 Jahren zweiter Vorstand des Verbands der Kleingärtner Baden-Württemberg e. V. Frau Walter leitet genauso lange die Frauengruppe des Verbandes. Ihre Liebe zu Pflanzen, ihr Engagement für das Gärtnern allgemein, ihre Bereitschaft zur Mitarbeit an diesem Buch und nicht zuletzt ihre herzliche, lebensfrohe Art sind eine unschätzbare Hilfe bei der Entstehung dieses Buches gewesen. Ein aufrichtiger Dank an dieser Stelle an Herrn und Frau Walter!

Auf dem Weg zum Traumgarten

Gärten sind Sehnsuchtsorte, aber auch Orte, an denen wir Befriedigung durch unser Tun und unsere verwirklichten Träume finden. Packen wir es an und machen unsere Vorstellung vom irdischen Paradies wahr!

Kennen Sie auch das Gefühl, dass man mit dem Vorhandenen nicht mehr so ganz glücklich ist und etwas verändern möchte? Gerade im Garten ist es oft so, dass sich über Jahre Strukturen entwickelt und dann erhalten haben, die nach langer Zeit eigentlich nicht mehr zu dem Leben passen, das man heute führt.

In meiner Jugend hatte ich den Traum, später einmal möglichst viel in einem eigenen Garten anzubauen: Obst und Gemüse, eine Vielzahl gesunder Kräuter und natürlich auch duftende Blumen. Seit einigen Jahren bin ich, inzwischen gereift, glücklicher Besitzer eines eigenen Gartens. Schon bei der Übernahme des Gartens war absehbar, dass ich weder Zeit noch Energie genug haben würde, jemals wirklich als Selbstversorger zu leben. Also musste ich lernen, Kompromisse zu schließen.

Irgendwann beginnt jeder darüber nachzudenken, was er wirklich mit seinem Leben und mit seinem Garten anfangen möchte. Für mich ist es wichtig, dass ich mein grünes Reich in der kostbaren Freizeit wirklich genießen kann, statt säckeweise Kartoffeln und ganze Bataillone von Kohlköpfen zu produzieren. Ein unkrautfreier, kurz geschorener Rasen war für mich noch nie das Maß aller Dinge. Außerdem kann ich mir etwas Schöneres vorstellen, als am Feierabend ständig schwere Gießkannen zu schleppen oder den Kompost umzuwenden.

Vieles in meinem Garten war am Anfang ein Kompromiss, sei es aus Zeitmangel oder weil mir zunächst schlicht die materiellen Mittel fehlten. Doch irgendwann sollte Schluss sein mit Provisorien und Konzessionen. Ihnen geht es vielleicht ähnlich. Wenn Sie merken, dass der Garten in manchen Belangen nicht mehr zu Ihrem jetzigen Lebensstil passt, gibt es vieles, das Sie umgestalten können – nicht zuletzt die Einstellung zu vielen Dingen.

In sich hineinhorchen

Mein Garten ist heute ein entspanntes Nebeneinander von Rasenflächen, Rosen- und Staudenbeeten.

Wenn man sich endlich geerdet hat und weiß, wo man im Leben hingehört, wird es Zeit, sich auf die wichtigen Dinge zu besinnen. Wünschen wir uns nicht alle einen Garten, der zu uns und unserer Lebenssituation passt?

Verborgene Wünsche ausgraben

Bei der Umgestaltung des Gartens lohnt es sich, in sich hineinzuspüren und die eigenen Bedürfnisse und Wünsche unter all den Schichten hervorzuholen, unter denen sie in den letzten Jahren – im wahrsten Sinne des Wortes – vergraben wurden. Für die meisten Menschen ist es alles andere als selbstverständlich, die eigenen Vorstellungen und Ansprüche an den Garten geltend zu machen und all das zu umzusetzen, was einem schon lange in Gedanken vorschwebt. Oder zumindest einen Teil des irdischen Paradieses zu verwirklichen, von dem wir Zeit unseres Lebens träumen. Allzu oft übernehmen wir Dinge ungefragt und ungeprüft, weil es sich eben so gehört oder weil alle es so machen. Das eine oder andere machen wir auch, weil wir das Gefühl haben, dass es von uns erwartet wird. Viel zu selten fragen wir uns, ob es auch das ist, was wir wirklich möchten. Wie gesagt: Schluss mit Kompromissen – es kommt doch in Wirklichkeit vor allem darauf an, den eigenen Träumen und Bedürfnissen gerecht zu werden und nicht darauf, ob der Garten anderen gefällt!

Was muss, das muss!

Natürlich gibt es Dinge, die schlichtweg nötig sind, etwa einen Ort, an dem Gartengeräte, der Rasenmäher, Töpfe und allerlei Krimskrams aufbewahrt werden. Wer einen Garten hat, der weiß auch, dass reichlich Abfall anfällt: vom Rasenschnitt über verwelkte Blüten und abgeerntete Gemüsepflanzen bis hin zum herbstlichen Falllaub. Daher braucht man in jedem Garten, auch wenn er noch so klein ist, einen Platz zum Entsorgen der Gartenabfälle. Ein Kompostplatz ist die beste Möglichkeit, sich derlei Abfälle vom Halse zu schaffen und in wertvollen organischen Dünger umzuwandeln.
Auch die Wasserversorgung will geplant und möglichst wenig arbeitsintensiv geregelt sein. Mit etwas Fantasie lassen sich aber auch hierfür ganz individuelle Lösungen finden, die den eigenen Vorstellungen vom genussvollen Gärtnern entsprechen.
Und vergessen wir nicht die Ecken und Winkel, in denen man Pflanzen oder Dinge verstaut, für die man im Moment keine Verwendung hat. Bei mir sind das vor allem Töpfe und Kübel, die ich außerhalb der Saison unterbringen will. Aber auch Pflanzengeschenke oder auf Reisen erbeutete botanische Schätze, die ich nicht gleich pflanzen kann, sowie Etiketten, Jutegarn und andere Gartenutensilien. Größere Kübel wandern bei mir in den Keller (natürlich erst nach gründlicher Reinigung). Für kleinere Töpfe und eingetopfte Mitbringsel hat sich mein Pflanztisch bewährt.

Bei Gartengeräten zahlt es sich langfristig aus, in solide Qualität zu investieren.

Der erste Schritt

Jede Veränderung beginnt bekanntlich mit dem ersten Schritt. Sinnvollerweise ist dieser erste Schritt die kritische Prüfung des Status quo, also des bestehenden Gartens, des vorhandenen Materials (dazu zählen die bisher im Garten wachsenden Pflanzen, aber auch bauliche Strukturen wie Terrassen, Wege, eventuell vorhandene Teiche oder Wasserbecken, Spaliere, Pergolen und andere gestalterische Aspekte) sowie die verfügbaren Ressourcen. Neben der eigenen Körperkraft und Kondition gehören natürlich auch finanzielle Mittel und nicht zuletzt die Hilfe von Freunden dazu. Nehmen Sie sich für den Anfang nicht zuviel vor, aber scheuen Sie sich nicht, die Ärmel hochzukrempeln und anzufangen. Jeder Spatenstich im Gemüsegarten und jede im Boden versenkte Blumenzwiebel ist der Anfang einer neuen Geschichte, die Sie später mit Stolz von Ihrem Garten erzählen können!

Ordnung ins Chaos bringen: Damit die Bestandsaufnahme nicht zu chaotisch abläuft, erstellen Sie am besten eine oder mehrere Listen, auf denen Sie in Stichworten notieren, was vorhanden ist, was Ihnen gefällt und was Sie gar nicht möchten. Wenn Sie sich dann noch etwas Zeit zum Träumen nehmen, entsteht vielleicht auch ein Wunschzettel mit Dingen, die Sie sich schon längere Zeit für den eigenen Garten ersehnen. Schließlich sollte hier der Ort sein, an dem Sie sich zusammen mit Ihrer Familie entspannen und glücklich sein können!

Alles unter die Lupe nehmen

Wenn der Garten zum Ärgernis wird, weil er zwar viel Arbeit macht, aber dennoch nur ein schwacher Abglanz des Wunschgartens ist, wird es Zeit, grundlegende Entscheidungen zu treffen!

Alte Zöpfe abschneiden

Um mit vertrauten, aber längst lästigen Pflichten im Garten Schluss zu machen, ist es sinnvoll, eine Mängelliste zu erstellen. Schreiben Sie alle bisherigen Problembereiche im Garten auf. Das können Schattenplätze sein, an denen nichts gedeihen will, oder eine Rasenfläche, die mit der Zeit schütter und unansehnlich geworden ist. Vielleicht erinnern Sie sich, dass der Boden von Anfang an schlecht war, Wasser nicht gut versickerte oder zu viele Steine das Graben stets erschwerten. Wenn Sie die Probleme erkennen, dann können Sie meistens auch etwas dagegen unternehmen. Manchmal ist es leichter, als Sie denken – und das Ergebnis ist genau der Garten, den Sie schon immer haben wollten!

Ein alter Schuppen lässt sich hinter romantisch rankenden Kletterrosen verstecken.

Schmuddelecken aufwerten

In vielen Gärten gibt es Bereiche, die nur schlecht zugänglich, unglücklich gelegen oder bei der Planung einfach übrig geblieben sind. Oft werden solche Orte sich selbst überlassen. Solche Schmuddelecken können schmale Korridore zwischen dem Zaun zum Nachbargrundstück und der Gartenhütte, dem Carport oder dem Kompostplatz sein. Oder ein ödes Fleckchen neben Garage und Kellerabgang, wo bisher die Mülltonnen geparkt wurden. Führwahr keine Zierde für den Garten, vor allem wenn man tagtäglich daran vorbeigeht. Solche Bereiche können aufgewertet werden und damit den gesamten Garten schöner machen.

Weg mit den Ärgernissen

Stellen Sie grundsätzlich infrage, was bisher nur Kummer und Arbeit gemacht hat. Gibt es Gewächse, die immer nur vor sich hinkümmern? Vielleicht wachsen auch Pflanzen im Garten, die eindeutig in die Jahre gekommen sind, etwa eine staksige, von unten verkahlte Fichtenhecke. Oder stört Sie ein inzwischen zur trüben Pfütze verkommenes Feuchtbiotop? In vielen Gärten gibt es auch Holzstrukturen, etwa Palisaden, die einen Hang stützen, die mittlerweile verwittert sind und faulen. Kein schöner Anblick – und noch dazu nutzlos oder sogar gefährlich, wenn sie ihre Aufgabe nicht mehr erfüllen. Manchmal sind es auch nur ein paar Stufen auf einem leicht abschüssigen Weg, über die man schon seit Jahren stolpert, weil sie eigentlich nicht nötig sind. Nehmen Sie sich die Zeit und spazieren Sie einmal mit kritischem Blick durch Ihren Garten – sicher fällt Ihnen das eine oder andere auf, das schon längere Zeit ein Ärgernis

ist. Überlegen Sie, ob Sie auf diese Elemente verzichten oder etwas ändern können, damit Freude statt Frust in den Garten einzieht.

Herr Walter freut sich, dass er von seinen Ballerina-Bäumen die Äpfel ohne Leiter ernten kann.

Ballast abwerfen

Jetzt mal Hand aufs Herz: Gibt es nicht auch in Ihrem Garten etwas, was ziemlich viel Arbeit macht, aber nicht unbedingt nötig ist? Was ist zum Beispiel mit den vielen Beeten voller Sommerblumen? Die müssen jedes Jahr neu gekauft oder herangezogen und gepflanzt werden. Im Sommer brauchen sie viel Wasser und Dünger und am Ende der Saison muss man sie auch noch entsorgen. Oder die in Form geschnittenen Buchshecken, mit denen die Rosenbeete eingefasst sind: Die machen Mühe, weil sie nur dann schön aussehen, wenn sie regelmäßig getrimmt werden. Und dazu muss man sich auch noch tief bücken. Eine dauerhafte Bepflanzung mit Stauden und Zwerggehölzen oder dekorativen Bodendeckern statt Sommerblumen spart eine Menge Arbeit und sieht dennoch attraktiv aus. Und statt der Buchshecken um die Rosenbeete kann man auch einfach auf eine Einfassung verzichten oder die Beete mit flachen Steinen eingrenzen. Dies sind nur einige Beispiele von vielen, um Ihnen zu veranschaulichen, wie leicht man etwas ändern kann.

PRIORITÄTEN SETZEN

Achten Sie beim Erstellen von Listen auf die Prioritäten. Der wichtigste Punkt sollte stets ganz oben auf der Liste stehen. Nur so behält man den Überblick und kann die Aufgaben der Dringlichkeit nach abarbeiten.

Bequeme Ernte: Die Walters haben ihren Garten vor einigen Jahren gründlich entrümpelt. So haben sie sich von den hohen Obstbäumen getrennt und stattdessen Ballerina-Bäumchen gepflanzt. Von den kaum mannshohen Obstgehölzen können sie ohne Verrenkungen und ohne eine Leiter zu benutzen ganz bequem die köstlichen Früchtchen ernten. Der letzte große Kirschbaum im Garten wurde als Schattenspender für heiße Sommertage stehen gelassen. Unter dem grünen Blätterdach kann man herrlich von der Gartenarbeit ausruhen!

Wenn man sich und anderen nichts mehr beweisen muss, ist es Zeit, die eigenen Träume Wirklichkeit werden zu lassen.

Mein Wunschzettel

Für Frau Walter sind Blumen unverzichtbar. Gern schneidet sie im Sommer einen Strauß für die Vase.

Auf dem Weg zu Ihrem neuen Traumgarten stellen Sie sich am besten einige Fragen und halten diese auch schriftlich fest: Was möchte ich in Zukunft verwirklichen? Welche Aktivitäten verbinde ich mit dem Garten? Wie möchte ich ihn in Zukunft nutzen? Und vergessen Sie nicht: Ihr Garten gehört jetzt endlich Ihnen!

Kleine Schätze und große Wünsche

Einige duftende Rosen, vielleicht ein kleines, aber feines Beet mit aromatischen Kräutern für die Küche oder eine Ruhebank unter einem Baum – es gibt sicher vieles, was Sie sich schon lange gewünscht haben. Vielleicht schlägt Ihr Herz auch für hübsche Gartendekoration, etwa Rosenkugeln aus buntem Glas oder ein Windspiel, das beim leisesten Lufthauch melodisch erklingt.

Nägel mit Köpfen machen

Damit Sie Ihre Wünsche tatsächlich verwirklichen können, sollten Sie realistisch bleiben und nicht nach den Sternen greifen. Formulieren Sie Ihre Ziele so, dass sie erreichbar und in absehbarer Zeit umsetzbar sind. Berücksichtigen Sie dabei auch die Folgen Ihrer Entscheidungen: Wenn Sie von einem Teich im Garten träumen, dann vergessen Sie nicht, dass der nach dem Anlegen auch gepflegt werden muss. Rosengärten, Staudenbeete und Gehölzrabatten sehen wirklich hübsch aus. Sie machen aber auf Dauer nur Freude, wenn Sie mit der Pflege nicht überfordert sind. Dies sind nur zwei Beispiele, um Ihnen zu zeigen, worauf es beim Wunschzettel ankommt und welche Aspekte Sie im Hinterkopf behalten sollten.

Denken Sie praktisch!

Was bisher gut gelaufen ist, kann auch in der Zukunft funktionieren. Es gibt aber auch Dinge und Tätigkeiten, die mit zunehmendem Alter beschwerlicher werden. Denken Sie deshalb rechtzeitig an Alternativen. Wenn Sie jetzt neue Pläne für Ihren Garten machen, warum dann nicht gleich praktisch denken? Eliminieren Sie Stolperfallen, statt neue einzuplanen. Suchen Sie nach Möglichkeiten, sich die Arbeit im Garten zu erleichtern, statt sich neue Pflichten aufzuhalsen. Wählen Sie immer den kürzesten Weg zum Ziel und suchen Sie nach der bequemsten Lösung. Beispielsweise werden Sie später dankbar dafür sein, wenn Sie die Mülltonnen nicht über das ganze Grundstück bis zur Straße schleppen müssen. Es zahlt sich auch aus, wenn der Kompostplatz jederzeit sicher und bequem vom Haus aus erreichbar ist. Brauchen Sie ein Gartenhaus zum Unterbringen von allerlei Gartenutensilien? Dann sollte es so aufgestellt werden, dass es gut erreichbar ist und die Tür sich weit öffnen lässt. Wenn der Innenraum geräumig genug ist, kann man gefahrlos darin herumwirtschaften, selbst wenn die eigene Mobilität später irgendwann etwas eingeschränkt ist.

Blumenwiese statt englischem Rasen

Auf den Wunschzettel gehören nicht nur Dinge, die Sie sich für Ihren neuen Garten wünschen. Genauso sollten Sie Dinge auf die Liste setzen, die sie in Ihrem neuen Lebensabschnitt nicht mehr wollen. Damit meine ich schwere Kübelpflanzen, die im Herbst ein- und im Frühjahr wieder ausgeräumt werden zu müssen. Oder ein englischer Rasen, der viel mehr Pflege braucht als ein Blumenrasen. Diesen bräuchten Sie nämlich nur noch alle zwei bis vier Wochen zu mähen. Sicher fallen Ihnen noch manche andere Zeiträuber ein, etwa Arbeiten, die in der Vergangenheit einfach zu viel Kraft gekostet und damit den Genuss am Garten geschmälert haben.

Wie wäre es mit einer herrlich unperfekten Blumenwiese, in der Löwenzahn, Klee, Gänseblümchen und Wiesen-Schaumkraut fröhlich blühen dürfen?

Inspirationen einfangen: Es gibt viele Ideen, wie man den eigenen Garten schöner und zugleich pflegeleichter gestalten kann. Nicht immer kommt man gleich auf die richtigen Gedanken. Helfen Sie ihrer Fantasie auf die Sprünge, indem Sie einen Spaziergang durch Ihre Nachbarschaft machen und dabei die Augen offen halten. Sicher fällt Ihnen das eine oder andere auf, was Sie für ihren Garten übernehmen könnten. Oder Sie nutzen die Tage der offenen Gartenpforte, wenn es dieses Projekt in Ihrer Region gibt, um einen Blick in fremde Gärten zu werfen und Inspirationen zu sammeln.

Wie erstelle ich einen Gartenplan?

Das ist der Kleingarten von Familie Walter von oben. Wenn Sie sich Ihren eigenen Garten aus der Vogelperspektive vorstellen, ist es leichter, einen Gartenplan aufzuzeichnen.

Um einen Gartenplan zu zeichnen, müssen Sie kein Künstler und schon gar kein Gartenarchitekt sein. Mit einfachen Hilfsmitteln und einer Portion Fantasie können Sie Ihren Traumgarten auf dem Papier entstehen lassen.

Gärtnern auf dem Papier

Zum Zeichnen eines Gartenplans brauchen Sie Papier (ideal ist Millimeterpapier), ein paar Buntstifte und ein Lineal. Zusätzlich hilft ein Maßband oder, in kleinen Gärten, ein Zollstock beim Vermessen vorhandener Strukturen. So können Sie Gebäude, Terrassen, Sitzplätze und Wege im richtigen Maßstab im Plan einzeichnen. Die Arbeit wird enorm erleichtert, wenn es einen Plan vom Katasteramt oder Architekten gibt, in dem die Grundstücksgrenzen und die Gebäude bereits maßstabsgerecht eingezeichnet sind.
Legen Sie alle Materialien auf einer ebenen Arbeitsfläche bereit. Beginnen Sie mit dem Einzeichnen der Gebäude, denn die werden wahrscheinlich auch im neu gestalteten Garten an ihrem alten Standort bleiben. Am besten zeichnen Sie den Plan im Verhältnis 1:50 oder 1:100. So fällt das Umrechnen der Maße leichter. Maßstab 1:50 heißt: 1 cm auf Ihrem Plan bedeuten 50 cm draußen im Garten. Die Aufsicht, also der Blick aus der Vogelperspektive, ist die ideale Form, um einen Gartenplan zu zeichnen.
Ergänzen Sie auch angrenzende Nachbargebäude und höhere Gehölze, damit Sie Licht- und Schattenzonen bei Ihrer neuen Planung berücksichtigen können. Nach dem Einzeichnen der festen Strukturen, also die Dinge, die auf jeden Fall erhalten bleiben sollen, fotokopieren Sie den Plan mehrfach. So können Sie verschiedene Entwürfe machen und miteinander vergleichen.

Terrassen, Treppen und Wege

Als nächstes zeichnen Sie Terrassen, Sitzplätze, Treppen und Wege ein. Sie geben dem Garten die Struktur und erschließen das Grundstück. Wenn Sie mit der vorhandenen Situation zufrieden sind, dann halten Sie einfach den Ist-Zustand im Plan fest. Vielleicht möchten Sie aber auch etwas verändern – dann mal los! Niemand hindert Sie daran, ihrer Fantasie freien Lauf zu lassen. Denken Sie immer daran, dass der Entwurf bisher nur auf dem Papier existiert und jederzeit geändert werden kann!
Als nächsten Schritt können Sie Elemente, die neu hinzukommen sollen, im Plan einzeichnen: ein Teich, eine Pergola, ein Frühbeet, mehrere, auf dem Gelände verteilte Regentonnen oder einen Pflanztisch zum Umtopfen.

Die Pflanzen

Zum Schluss sind die Pflanzen dran. Beginnen Sie immer mit den größeren Gewächsen, also Bäumen, Sträuchern und Hecken. Zeichnen Sie Bäume nicht nur als Jungpflanzen ein, sondern berücksichtigen Sie die mit den Jahren entstehende Krone. Ein maßstabsgerechter Kreis an der betreffenden Stelle veranschaulicht, welchen Umfang die Baumkrone einmal haben wird. Informationen dazu finden Sie zum Beispiel in Baumschulkatalogen. Sträucher können Sie einzeln oder in Gruppen einzeichnen. Stauden- und Rosenbeete markieren Sie als Fläche. Halten Sie sich dabei nicht mit kleinen Details auf. Nur große, frei stehende Solitärstauden wie Pfingstrosen, und größere Strauchrosen, zeichnen Sie einzeln ein. Markieren Sie auch die Rasenflächen und vergessen Sie Schmuckobjekte wie Skulpturen nicht. Besonders anschaulich und lebendig wird so ein Gartenplan, wenn Sie mit Buntstiften arbeiten.

SO ENTSTEHT EIN GARTENPLAN

1. Zeichnen Sie zunächst Gebäude und bestehende Strukturen, die bleiben sollen, ein.

2. Ergänzen Sie dann neu hinzukommende bauliche Strukturen wie Sitzplätze, Mauern und Wege.

3. Anschließend zeichnen Sie neue Pflanzungen und Beete ein.

Ressourcen auf dem Prüfstand

Prüfen Sie die eigenen Ressourcen: Was ist machbar und auch in der Pflege zu bewältigen? Dabei sollten Sie sich weder über- noch unterschätzen, denn die Arbeit im Garten hält nicht nur fit, sondern aktiviert oft ruhende Kraftreserven.

In kleinen Schritten die Welt verändern

Als ich jung war, dachte ich, ich könnte mit meiner Energie Bäume ausreißen. Ich wollte die ganze Welt verändern und vor allem (wie die meisten jungen Leute) alles anders machen als meine Eltern. Nun, die Welt ist heute nicht viel besser als vor 30 Jahren, aber ich habe inzwischen erkannt, dass meine Kräfte nicht unermesslich und vor allem nicht unerschöpflich sind. Heutzutage möchte ich in meinem Garten keine Bäume mehr ausreißen (das Fällen großer Gehölze würde ich ohnehin eher einem Gartenbauunternehmen überlassen). Aber noch immer möchte ich in meinem grünen Paradies gestaltend und schöpferisch wirken. Statt die Welt neu zu erfinden, sind für mich jetzt auch kleine Veränderungen wohltuende Eingriffe. Was ich damit sagen möchte: Setzen Sie sich lieber viele kleine Ziele, statt gleich alles ganz auf einmal anders machen zu wollen. Das ist realistischer, mindert den Erfolgsdruck und macht es wahrscheinlicher, dass Sie ihre Ziele auch erreichen.

Lustvoll Gärtnern

Gärtnern ist kein Wettbewerb – die goldene Rose gewinnen sowieso immer die Profis! Gehen Sie entspannt ans Werk, erledigen Sie die nötigen Aufgaben, aber muten Sie sich nicht zu viel zu. Die Arbeit im Garten soll Spaß machen, das Ergebnis Freude bereiten und Lust auf weiterte Aktivitäten im Garten wecken. Der Spaß bleibt aber auf der Strecke, wenn Sie sich von Pflichten gegängelt und in Ihrem Tagesablauf eingeschränkt fühlen. Planen Sie deshalb vor allem solche Veränderungen, die Ihnen die Gartenarbeit spürbar erleichtern und genug Zeit und Kraft für die wichtigen Dinge im Leben lassen. Die gewonnene Freizeit können Sie dann für ein neues Hobby oder einfach zum Entspannen und Genießen verwenden.

Gutes Zeitmanagement

Setzen bei der Zeit, die Sie für die Pflege Ihres Gartens einplanen, eindeutige Prioritäten (siehe auch Seite 120). Manche Arbeiten, etwa das Pflanzen von Hecken und Gehölzen, das Anlegen eines Staudenbeets oder das Einrichten eines gemütlichen Sitzplatzes, machen erst einmal recht viel Arbeit. In der Folge ist aber nur noch wenig Pflege nötig. Bei Hecken beschränkt sich dies in der Regel auf das jährliche Zurückschneiden. Gut konzipierte Staudenbeete machen erfahrungsgemäß weniger Arbeit als eine Rasenfläche, die regelmäßig gemäht werden muss. Arbeitsintensiv sind auch Sommerblumenbeete, die immer wieder neu bepflanzt, ausgeputzt, gewässert und gedüngt werden müssen. Mein Tipp: Nehmen Sie sich jeden Tag etwas Zeit für kleinere Pflegearbeiten. Hier und da ein paar welke Blüten auszuputzen, ein paar Unkräuter auszuzupfen, einen hängenden Zweig aufzubinden oder zurückzuschneiden, macht wenig Mühe und ist rasch erledigt. Wenn solche Aufgaben aber immer wieder aufgeschoben werden, summieren sie sich zu einem Berg von Pflichten, der schließlich wie eine dunkle Wolke über Ihnen schwebt. Diesen Rückstau abarbeiten zu müssen, macht keinen Spaß.

Gärtnern nach Tagesform

Welche Arbeiten ich mir zutraue, das hängt ganz von der Tagesform ab. Manchmal fühle ich mich fit genug und habe die Zeit, den Komposthaufen umzusetzen oder eine im letzten Winter eingegangene Konifere abzuholzen und deren Wurzelwerk auszugraben. An anderen Tagen reicht es gerade mal dazu, Verblühtes im Rosenbeet auszuschneiden oder durstige Kübelpflanzen mit dem ersehnten Nass zu versorgen. Für mich zählt vor allem, dass ich möglichst jeden Tag etwas im Garten getan habe – das gibt mir das Gefühl, voranzukommen. Auf die Zahl der Stunden oder abgearbeiteten Aufgaben kommt es mir nicht an.

Tägliches Wiedersehen: Ein schönes Motto von Herrn Walter lautet: „Der Garten muss den Gärtner jeden Tag sehen". Damit meint er, dass man täglich einmal nach dem Rechten sehen und ein paar Handgriffe verrichten sollte. Die Walters halten sich, soweit die Witterung und die verfügbare Zeit es zulassen, seit Jahrzehnten an diese Devise und sind so oft wie möglich auf ihrer Parzelle. Nicht immer wird viel geschafft. Manchmal ernten sie auch nur etwas Salat oder schneiden ein paar Blumen für die Vase. Aber dem Garten sieht man an, dass das Ehepaar sich regelmäßig darum kümmert.

Wenn ein Garten erst mal richtig eingewachsen ist, wie dieser romantische Rosengarten, genügen meist wenige Handgriffe im Vorübergehen für die Pflege.

Fünfe gerade sein lassen

Im Lauf Ihres Lebens hat Frau Walter gelernt, dass man nicht alles so ernst nehmen muss. Über kleine Missgeschicke, lacht sie einfach, statt sich zu ärgern. Ohnehin besinnt sie sich lieber auf die vielen schönen Dinge, die ihr im Alltag begegnen. Das können durchaus auch Kleinigkeiten sein, so wie eine Handvoll frisch gepflückter Erdbeeren vom Hochbeet. Was macht es da schon, wenn der Rasen mal nicht perfekt gestutzt ist oder ein paar Raupen an den Pflanzen knabbern – schließlich gäbe es ohne Raupen keine Schmetterlinge.

Welche Schönheit bietet uns die Natur im Kleinen!

Von der Hand in den Mund …

Mein neuer Nutzgarten

Warum an alten Gewohnheiten festhalten,
wenn sich das Leben mit den Jahren geändert hat?
Einer der arbeitsintensivsten Bereiche ist der Nutzgarten.
Deshalb können Sie hier ruhigen Gewissens neue
Wege gehen.

Klasse statt Masse – meine Ansprüche haben sich mit der Zeit gewandelt. Das soll sich in Zukunft auch in meinem Garten ausdrücken. Also weg mit alten Zöpfen und offen sein für neue Ideen! Seit ich meinen Garten nicht mehr vorrangig für die „Massenproduktion" von Obst und Gemüse nutze, genieße ich es, über den Wochenmarkt zu schlendern, die dort angebotene Fülle an frischen Produkten in Augenschein zu nehmen und nach Herzenslust auszuwählen. Knackige Salatköpfe und Karotten, pralle Kohlköpfe, stramme Lauchstangen und vieles weitere – ich muss das nicht mehr alles selbst anbauen. Für ein paar Euro kaufe ich mir jetzt in kleinen Mengen das, was mir schmeckt. So habe ich statt Stress mit Hacken, Wässern und dem Kampf gegen den Schneckenfraß mehr Zeit für das, was mir im Garten wirklich Spaß macht: Einige Lieblingsgemüse wie in der Sonne gereifte Tomaten, würzige Kräuter und süße Beeren dürfen es schon noch sein. Ansonsten konzentriere ich mich auf das große Ganze, also die Atmosphäre meines Gartens.

Mein neuer Garten ist jetzt ein Ort, der meine Seele satt macht. Für das leibliche Wohl dürfen sich in Zukunft andere den Buckel krumm und die Finger schmutzig machen. Mir ist es inzwischen viel wichtiger, etwa in den frühen Vormittagsstunden durch den Garten zu bummeln, meine Nase in frisch erblühte Rosenblüten zu stecken und einen schönen Strauß Blumen für die Vase zusammenzustellen. Zwischendrin nasche ich eine Himbeere direkt vom Strauch oder zupfe ein paar Blättchen von den würzigen Kräutern ab, die überall im Garten verteilt wachsen. Genüsslich kaue ich darauf herum und schmecke dabei den Sommer. Mein besonderer Liebling ist der Rosmarin – seine Inhaltsstoffe wirken anregend und belebend. Wer braucht da noch Kaugummi?

Kräuterbeete: immer der Nase nach

Wo sich alles um Kräuter dreht: Eine Kräuterspirale bietet Thymian und Co. ideale Bedingungen.

Behalten Sie bei einer Neuplanung Ihres Nutzgartens den Genuss im Auge: Duft und Aroma verleihen Ihrem Garten eine sinnliche Komponente. Einige würzige Kräuter sollten daher nicht fehlen – und sie machen glücklicherweise kaum Arbeit.

Kräutergarten „light"

Petersilie, Basilikum und Schnittlauch brauche ich im Sommer in rauen Mengen, vor allem für Salate und die mediterrane Sommerküche. Deshalb wachsen in meinem Garten von diesen drei Kräutern nach wie vor zahlreiche Exemplare in den Beeten. So kann ich ständig ernten und es gibt immer ausreichend Nachschub. Andere Kräuter wie Thymian, Oregano, Salbei, Rosmarin, Berg-Bohnenkraut und Majoran liebe ich genauso, verwende sie aber seltener und in geringeren Mengen. Deshalb brauche ich davon auch keine Plantagen. Es genügt meist eine Pflanze von jeder Art. Die ziehe ich in Töpfen, die ich an einem sonnigen Fleckchen in Griffweite zur Küche aufstelle. Die meisten mediterranen Kräuter sind von Natur aus sehr genügsam und kommen dankenswerterweise mit relativ wenig Pflege aus. Alle paar Tage mal ein Schluck Wasser reicht völlig aus. Pfefferminze mag es dagegen lieber weniger sonnig, dafür aber feucht. Deshalb wächst sie bei mir im lichten Schatten einer stattlichen Birke. Weil Pfefferminze zur Ausläuferbildung neigt, habe ich sie ausbruchssicher in einen Kübel gepflanzt. So kann sie nach Lust und Laune vor sich hin wuchern. Und weil der Kübel groß und tief ist, brauche ich sie auch nicht ständig zu gießen.

Kräuterbeete mal ganz anders

Kräuterpflanzen müssen nicht stramm in Reih und Glied im Beet stehen. Pfiffig sind beispielsweise eine Kräuterspirale oder ein Hochbeet mit Kräutern. Das erleichtert die Pflege und das Ernten, weil Sie sich dabei weniger tief bücken müssen. Außerdem bieten solche erhöht angelegten Kräuterbeete den meisten Arten optimale Standortbedingungen. Viele unserer beliebtesten Würzkräuter stammen aus mediterranen Regionen und lieben warme Sonnenplätze mit sehr gut durchlässigem Boden. Auf Hochbeeten und den oberen Etagen einer Kräuterspirale finden sie ideale Bedingungen. Dort werden sie nicht von anderen Pflanzen beschattet oder bedrängt, und Regenwasser versickert rasch. Wie Sie ein Hochbeet selbst bauen können und welche Kniffe es gibt, erfahren Sie ab Seite 76.

Eine Kräuterspirale oder Kräuterschnecke ist ein sich spiralig nach oben verjüngendes Rundbeet mit 2–3 m Durchmesser und einer Höhe von etwa 80 cm. Die Grundstruktur besteht aus einer Trockenmauer aus Bruch- oder Blocksteinen, die mit eineinhalb Umdrehungen von außen zur Mitte hin ansteigend aufgeschichtet wird. Die untere, äußere Windung wird mit humoser, lehmiger Gartenerde gefüllt. Zur erhöhten Mitte hin füllen Sie eine sandigere Substratmischung ein. Auf den oberen Bereichen der Süd- und Westseite fühlen sich trockenheitsliebende Kräuter wie Thymian, Rosmarin und Lavendel wohl. Kandidaten, die mehr Feuchtigkeit und Halbschatten bevorzugen, wie etwa Petersilie, Kresse, Zitronenmelisse und Sauerampfer, pflanzen Sie an den Fuß der Spirale und auf die absonnige Nord- und Ostseite.

Wenn die Kräuterspirale großzügig genug geplant wurde, können Sie zwischen die Kräuter auch Sommerblumen und Blütenstauden setzen. Das ist insofern eine Bereicherung, da die meisten Kräuter eher unscheinbar blühen. Gut eignen sich Arten wie Kalifornischer Kappenmohn (*Eschscholzia californica*), Strand-Silberkraut (*Lobularia maritima*) oder Steppen-Salbei (*Salvia nemorosa*), die naturnah wirken und nicht zu stark wuchern. In die Fugen zwischen den Steinbrocken fühlen sich Polsterstauden wie Gänsekresse (*Arabis*-Arten), Blaukissen (*Aubrieta*-Hybriden), Filziges Hornkraut (*Cerastium tomentosum*) und Polster-Phlox (*Phlox subulata*) wohl. Sie sorgen im Frühsommer für fröhliche Farbtupfer.

In manchen Anleitungen zum Bau einer Kräuterspirale wird empfohlen, am tiefsten Punkt ein Wasserbecken oder einen Miniaturteich für Echte Brunnenkresse (*Nasturtium officinale*) einzuplanen. Nach meiner Erfahrung gelingt die Anzucht dieses relativ anspruchsvollen Gewächses jedoch selten zufriedenstellend. Brunnenkresse braucht kühles, sauberes, aber nährstoffreiches und vor allem fließendes Wasser. Die kleinen, im Sommer brühwarmen Tümpel, die ich bei Kräuterspiralen meist gesehen habe, boten statt der Brunnenkresse nur Mückenlarven und Algen beste Entwicklungsmöglichkeiten.

ZEHN KRÄUTER, DIE IN KEINEM GARTEN FEHLEN DÜRFEN

Die meisten der aufgezählten Kräuter sind mehrjährig, nur Basilikum wird alljährlich neu ausgesät. Auch der etwas frostempfindliche Majoran wird meist einjährig gezogen.

- Basilikum
- Berg-Bohnenkraut
- Estragon
- Majoran
- Oregano
- Petersilie
- Rosmarin
- Salbei
- Schnittlauch
- Thymian

Vom Rosmarin (***Rosmarinus officinalis***) gibt es weiß, blau oder rosa blühende Sorten.

Sommerliche Erfrischungen: An heißen Tagen pflücke ich bei der Gartenarbeit gern ein paar Blättchen Pfefferminze und kaue darauf herum – herrlich erfrischend! Wenn ich mal eine längere Pause brauche, koche ich mir eine Kanne Tee aus frisch gezupften Pfefferminzblättern. Es klingt zwar paradox, aber heiße Getränke kühlen bei hochsommerlichen Temperaturen besser als eisgekühlte Erfrischungen – probieren Sie es mal aus!

Aromen ernten

Gut angewachsene Kräuterpflanzen können Sie bedenkenlos den ganzen Sommer über ernten. Ein mäßiger, aber regelmäßiger Schnitt regt sie sogar zu neuem, buschigem Wuchs an. Manche Kräuter wie Thymian, Rosmarin und Salbei können Sie fast ganzjährig frisch ernten, auch wenn die Blätter im Winter nicht ganz so aromatisch sind. Andere Kräuter können Sie trocknen, einsalzen, einfrieren sowie in Essig oder Öl einlegen. Ernten Sie die Pflanzenteile an einem warmen, sonnigen Vormittag. Dann enthalten sie besonders viele ätherische Öle, die für das Aroma verantwortlich sind. Meiden Sie Regentage für die Ernte, denn feucht geerntete Kräuter faulen leicht und sind weniger aromatisch. Greifen Sie beim Ernten zu einer scharfen, sauberen Schere. Beschädigte, kranke oder alte Pflanzenteile eignen sich nicht zum Konservieren.

Altbewährt und einfach: Kräuter trocknen

Die einfachste Methode der Konservierung ist das Trocknen an einem warmen, dunklen, gut belüfteten Ort. Gut trocknen lassen sich Bohnenkraut, Majoran, Oregano, Thymian, Salbei und Rosmarin. Kleine Blätter trocknen Sie am Stängel, größere wie die von Salbei am besten einzeln. Gut eignen sich

Aus den Blättern der Zitronenverbene lässt sich ein erfrischender Tee mit zartem Zitronenaroma aufbrühen.

Gitternetze, auf denen Sie die Kräuter locker ausbreiten. Sie können auch kleine Sträußchen binden und diese kopfüber aufhängen. Die Kräuter sind trocken, wenn sie beim Anfassen knistern. Aufbewahrt werden sie in Schraubgläsern.

Mal was anderes: einfrieren oder einsalzen

Manche Kräuter büßen beim Trocknen ihr Aroma ein. Dazu zählen Petersilie, Dill, Schnittlauch, Minze und Basilikum. Sie können die Blättchen dieser Kräuter aber vom Stängel streifen und in Gefrierbeuteln einfrieren.
Mit vielen Kräutern lässt sich ein aromatisches Würzsalz herstellen: Einfach die frischen Pflanzen zerkleinern, mit Salz vermischen (fünf Teile Kräuter auf ein Teil Salz) und in ein Schraubglas füllen. Besonders gut eignen sich hierfür Liebstöckel, Estragon, Kerbel, Dill und Petersilie.

Essig und Öl aromatisieren

Die flüchtigen Aromen frischer Kräuter lassen sich auch mit Essig und Öl einfangen. Ich verwende sie gerne für Salatdressings und Soßen. Kräuteröl ist in einer luftdicht zu verschließenden Flasche etwa 6 Wochen haltbar, Kräuteressig mehrere Monate. Wenn Sie einen getrockneten Kräuterzweig zur Zierde mit ins Öl legen möchten, verkürzt sich die Haltbarkeit, sobald so viel Öl verbraucht ist, dass der Zweig nicht mehr bedeckt ist. Dann sollten Sie ihn lieber herausziehen. In eine besonders schöne Flasche gefüllt sind Essig und Öl mit Kräuteraroma übrigens auch ein hübsches Mitbringsel.

KRÄUTERÖL UND -ESSIG SELBST GEMACHT

1. Zerdrücken Sie die frischen Kräuter etwas, damit die ätherischen Öle besser freigesetzt werden, und füllen Sie eine Handvoll in ein sauberes Glas. Sie können die Kräuter nach Sorten getrennt oder als Mischung einlegen.

2. Gießen Sie neutrales Pflanzenöl, wie Sonnenblumenöl, oder Weißweinessig hinein, sodass die Kräuter vollständig bedeckt sind. Glas verschließen und eine Woche an einem warmen Ort, etwa einer sonnigen Fensterbank, ziehen lassen.

3. Filtern Sie das Öl oder den Essig durch ein Sieb und füllen Sie in eine saubere, ausgekochte Flasche ab. Hübsch sieht ein Kräuterzweig im Öl aus. Der muss aber zuvor gut getrocknet und anschließend immer mit Öl bedeckt sein.

Vitamine ernten

Palmkohl wurde schon von den alten Römern angebaut. Er sieht auch im Blumenbeet sehr hübsch aus.

Wenn Sie es gewohnt sind, frische und gesunde Köstlichkeiten aus dem Garten zu ernten, brauchen Sie auch in einem „verschlankten" Nutzgarten nicht darauf zu verzichten. Für ein paar Radieschen, Salatköpfe und Kräuter sollte sich immer ein Plätzchen finden.

Mit oder ohne Nutzgarten: Hauptsache pflegeleicht

Ein paar selbst gezogene Salatköpfe und frische Küchenkräuter sind einfach wunderbar und können in allen Beeten und Rabatten wachsen, nicht nur im Gemüsebeet. Sie brauchen für den Anbau keinen riesigen Nutzgarten, nicht mal ein spezielles Salatbeet. Reservieren Sie einfach ein sonniges Eckchen in einem beliebigen Beet für einige Salatköpfe, säen Sie Radieschen oder Petersilie in Reihe als Beeteinfassung oder lassen Sie Erbsen am Gartenzaun emporranken. Vielleicht sogar gemischt mit Duft-Wicken, die ganz ähnliche Kulturansprüche haben. Das sieht hübsch aus und macht wirklich kaum Arbeit. Wenn Sie nicht auf die Anlage von „richtigen" Gemüsebeeten verzichten möchten, dann sollten diese von allen Seiten gut erreichbar und nicht zu breit sein. So macht die Pflege weniger Mühe und Sie müssen sich dabei nicht so sehr strecken und verrenken. Legen Sie breite, gut begehbare Wege zwi-

schen den Beeten an – so breit, dass Sie bequem mit Schubkarre und anderen Gerätschaften durchpassen. Mit Rindenmulch bestreut sind diese nach einem Regenguss weniger rutschig.
Macht Ihnen die Arbeit am Boden Schwierigkeiten oder das Bücken Probleme? Dann denken Sie doch mal über die Anlage von Hochbeeten nach. Sie erleichtern die Pflege der Pflanzen. Mehr darüber erfahren Sie auf Seite 78.
Und noch ein Tipp: Pflanzen Sie Gemüse in überschaubaren Mengen, also nur das, was Sie auch zur Reifezeit wirklich essen möchten und können. Durch zeitversetztes Säen oder Pflanzen kleinerer Stückzahlen von Salat, Kohlrabi oder Zuckerschoten können Sie immer ein paar Gemüsespezialitäten zum sofortigen Verbrauch ernten, ohne sich mit dem Konservieren einer plötzlich auftretenden Ernteschwemme herumplagen zu müssen.

Gemischte Genüsse

Sie müssen in Ihrem Garten keine reinen Gemüsebeete anlegen, um in der Saison frisches Grün und knackiges Gemüse für die feine Küche zu ernten. Auch spielerisches Gärtnern kann Früchte tragen – etwa wenn Sie Gemüse und Kräuter mit Zierpflanzen kombinieren. Viele Nutzpflanzen machen sich gut in Begleitung von Stauden, Sommerblumen und Ziergräsern. Die krausen, roten Blattschöpfe von Lollo rossa und anderen Salatspezialitäten sind eine echte Zierde in Sommerblumenbeeten, etwa zwischen Studentenblumen (*Tagetes*) oder Kapuzinerkresse (*Tropaeolum*). Wenn Sie hoch hinaus wollen: Mit Stangen- und Feuerbohnen (*Phaseolus coccineus*) können Sie Zäune, Spaliere oder Regenfallrohre beranken. Pflanzen Sie die Gemüse möglichst an die sonnigsten Stellen im Beet, damit sie gut gedeihen und zur Geltung kommen. Mit reifem Kompost oder einem anderen organischen Dünger versorgt und von der Sonne verwöhnt, entwickeln sie die köstlichsten Aromen.

GEMÜSESCHÖNHEITEN FÜR DAS BLUMENBEET

- Sprossen-Brokkoli: 'Santee F1' (locker stehende, violette Röschen)
- Grünkohl: 'Redbor F1' (violette Blätter)
- Mangold: 'Bright Lights' (weiße, gelbe, violettrote und orangefarbene Blattstiele), 'Vulkan' (feurig rote Stiele)
- Palmkohl (dekorativ palmenartig, hüfthoch wachsender Kohl): 'Nero di Toscana', (schwarzgrüne Blätter)

Pflücksalat für den spontanen Genuss

Pflück- und Schnittsalatsorten bringen eine gute Ernte und sind platzsparend, weil Sie die Pflanzen in Reihen anbauen und mehrmals hintereinander ernten können. Gepflückt werden die Blätter nach und nach von außen nach innen. Neben bunten Blattsalaten aus der Kopfsalatfamilie (*Lactuca sativa*) können Sie auch Rukola (Salatrauke), feine Babyleaf- und würzige Asia-Salate oder die französische Schnittsalat-Mischung Mesclun säen. Das Tolle an Pflücksalat: Sie ernten immer nur so viel, wie Sie gerade brauchen – auch mal nur wenige Blätter. So kommt der Salat wirklich knackfrisch auf den Tisch.

Hmm,
noch ganz warm
von der
Sommersonne …

Und wenn der Garten auch noch so klein ist – Gemüsevielfalt wird bei den Walters großgeschrieben. Sie pflanzen jedes Jahr ein paar andere Sorten. Insbesondere aromatische Tomaten stehen ganz oben auf der Hitliste. Das Saatgut wird nicht selten mit anderen Gartenfreunden getauscht. Und ganz gleich, ob als sonnenwarmes Früchtchen direkt vom Strauch oder als leckerer Grillspieß, bei den Walters kommt während der Saison nur eigenes Gemüse auf den Tisch.

Rotstieliger Mangold ist dekorativ und lecker.

Frisch geerntet auf den Tisch – purer Genuss!

Kleine Obstbäume ohne Mühe

Ballerina-Obstbäume machen aus einem Balkon zwar keine Obstplantage, aber zum gelegentlichen Naschen süßer Früchtchen reichen sie durchaus.

Leckere Naschfrüchte zum frisch Aufessen statt kistenweise Lagerobst – in Zeiten, wo wir fast ganzjährig frisches Obst und Gemüse kaufen können, geht der Trend im Garten eindeutig zum sofortigen Genießen der selbst geernteten Früchte.

Klein, aber ausreichend

So schön ein Garten mit großen, alten Obstbäumen auch ist – damit die Gehölze tragen, brauchen sie einen regelmäßigen, fachkundigen Pflege- und Verjüngungsschnitt. Und wenn sie dann reiche Erträge bringen, muss die Fülle verarbeitet werden. Ich kann gut verstehen, wenn Ihnen das zu viel wird. Einen alten Zwetschgenbaum in meinem Garten habe ich irgendwann nicht mehr beschnitten und einfach eine Ramblerrose hineinwachsen lassen. Zur Blütezeit der Rose war das ein spektakulärer Anblick. Aber ohne Schnittmaßnahmen wurde der Baum nach einigen Jahren kopflastig, später morsch und brach schließlich bei einem sommerlichen Unwetter mitsamt der Ramblerrose zusammen. Eine schöne Bescherung!
Die Alternative zu pflegeintensiven Hoch- und Halbstamm-Obstbäumen und einer Ernteschwemme von Äpfeln, Birnen und Co. sind Züchtungen, die von Natur aus schwach wachsen und ohne viele Schnittmaßnahmen eine

schlanke Wuchsform behalten. Sie schenken Ihnen gerade so viel Erträge, wie Sie frisch essen können – und vielleicht ein paar süße Früchtchen zum Verschenken.

Ballerinas und Säulenobst

Die erste Generation der zwergig und säulenförmig wachsenden Ballerina-Apfelbäumchen wurde in den 1960er Jahren als Spontanmutation in Kanada entdeckt und weiterentwickelt. Den anfangs wenig robusten Sorten folgten widerstandsfähigere mit verhältnismäßig reichen Erträgen und sehr gut schmeckenden Früchten. Dennoch kann es bei einzelnen Ballerina-Sorten immer mal wieder zu Ertragsschwankungen und auch zu Ernteausfällen kommen. Die Bäume werden 2–4 m hoch und nur bis 30 cm breit. Säulenapfelsorten werden auf mittel- bis starkwachsenden Unterlagen veredelt. Dadurch sind sie standfest und robust. Säulenkirschen und -birnen werden auch auf schwachwachsenden Unterlagen veredelt. Unabhängig von der Unterlage bleiben alle Säulenobstarten von Natur aus schmalkronig und schlank. Sie werden je nach Sorte 2–4 m hoch (selten höher) und etwa 60 cm breit. Sie eignen sich übrigens auch für die Pflanzung als Hecke.
Ballerinas und Säulenobstgehölze fruchten besser, wie ihre großen Verwandten auch, wenn eine zweite Befruchtersorte in unmittelbarer Nähe wächst. Pflanzen Sie deshalb am besten immer zwei verschiedene Sorten derselben Obstart nebeneinander. Als Pflanzabstand zwischen den Bäumen genügen 50–60 cm.

Obst im Kübel

Alle Säulenobstbäume können Sie auch in Kübeln kultivieren, etwa wenn Sie nur eine Terrasse oder einen Balkon haben. Wählen Sie einen Kübel mit mindestens 40 Litern Fassungsvermögen. So brauchen Sie in den nächsten Jahren nicht umzutopfen. Verwenden Sie statt normaler Blumenerde vorgedüngtes Topfsubstrat mit geringem oder gar keinem Torfanteil aus dem Gartenfachmarkt. Beim Einpflanzen muss die Veredelungsstelle des Baums über der Erde liegen. Sie erkennen sie an der wulstartigen Verdickung am Fuß des Stammes. Befüllen Sie den Topf nur bis 2–3 cm unter dem Rand mit Erde, das erleichtert das Gießen und es kann keine Erde hinausgeschwemmt werden. Junge Bäumchen brauchen eine Stütze, zum Beispiel einen Bambusstab, damit sie gerade wachsen. Wichtig: Überschüssiges Gieß- und Regenwasser muss durch Löcher im Topfboden gut ablaufen können.

SÄULENOBST: DIE BESTEN SORTEN

- **Äpfel:** 'Arbad', 'Bolero', 'Flamenco', 'Pidi', 'Polka', 'Rhapsodie', 'Rondo', 'Sonate' und 'Waltz'. Empfehlenswert sind auch die Apfelsorten der CATS-Serie („Columnar Apple Tree System"): 'Greencats', 'Goldcats', 'Redcats', 'Starcats' und 'Suncats'
- **Birnen:** 'Concord', 'Decora', 'Obelisk', 'Saphira'
- **Pflaumen und Zwetschgen:** 'Anja', 'Black Amber', 'Geisenheimer Top', 'Imperial', 'Katinka'
- **Süßkirschen:** 'Claudia', 'Garden Bing', 'Helena', 'Sara', 'Sylvia', 'Stella', 'Victoria'
- **Aprikosen:** 'Goldfeuer', 'Hilde', 'Säulenaprikose'

Ganz ohne Leiter: Bei den Walters gibt es fast nur noch Säulenobstbäumchen im Garten. Die Pflege und Ernte ist durch die schlanke und relativ niedrige Wuchsform wesentlich einfacher. Größter Vorteil: Herr Walter braucht für die Schnittmaßnahmen dieser platzsparenden Obstgehölze keine Leiter mehr. Und obwohl die Bäumchen so klein sind, tragen sie eine erstaunliche Menge köstlicher Früchte.

Schnipp, schnapp, ab: Ballerinas und Säulenobst schneiden

Der Schnitt von Ballerinas und Säulenobst ist wesentlich unkomplizierter als bei anderen Wuchsformen von Obstgehölzen, etwa Hoch- und Halbstämmen. Deshalb eignen sie sich auch gut für Hobbygärtner, die wenig Erfahrung mit dem Obstbaumschnitt haben.

Ein prüfender Blick kann nicht schaden, bevor Wolfgang Walter die Schere ansetzt und den Säulenbaum zurückschneidet. Eine Leiter braucht er nicht.

Keine Angst vor einschneidenden Maßnahmen

Bei Ballerinas ist der Schnitt denkbar einfach. Die Seitentriebe brauchen in der Regel keinen regelmäßigen Schnitt. Nur gelegentlich auftretende Triebe, die dem Mitteltrieb Konkurrenz machen, sollten Sie entfernen. Wachsen die Seitentriebe doch einmal zu stark, dann kürzen Sie sie auf drei Augen oder 15 cm ein. Wenn der Baum nach etwa zehn Jahren vergreist, schneiden Sie ihn im Herbst oder zeitigen Frühjahr auf die Hälfte der Höhe zurück. Von den im folgenden Sommer entstehenden Jungtrieben leiten Sie den kräftigsten als neue Mitte an einem Stützpfahl senkrecht nach oben. Die übrigen Jungtriebe kürzen Sie stark ein.

Bei Säulenobstbäumen werden die Seitentriebe mehrmals eingekürzt (also etwas gekappt, aber nicht ganz entfernt), damit sich viele Verzweigungen und damit mehr Fruchtansätze bilden. Sie können die Seitentriebe vom Frühjahr bis in den Sommer hinein schneiden, aber nur bis spätestens Mitte August. Denn dann beginnen die Bäume, Fruchtholz an den Trieben anzusetzen – und die wollen wir nicht wegschneiden. Säulenbäume von Kirschen und Birnen bilden in der Regel mehr Seitentriebe als Säulenäpfel. Kürzen Sie diese im Sommer auf 10–15 cm ein.

Ein Gärtnermeister hat mir mal eine Eselsbrücke verraten, wie ich die optimale Form hinbekomme: Alle Säulenobstbäume müssen die Form eines schlanken Weihnachtsbaums haben: Die unteren Seitenäste bleiben immer etwas länger als die oberen. Sonst treibt der Baum im Gipfelbereich zu stark aus und verkahlt von unten.

Verwenden Sie zum Schnitt von Obstgehölzen stets scharfe Scheren und Sägen, damit keine ausgefransten Wunden entstehen. Schneiden Sie Seitentriebe möglichst nah am Stamm ab, sodass keine Stummel stehen bleiben. Diese würden schon bald wieder neu austreiben. Kleine Schnittwunden unter 3 cm Durchmesser müssen Sie nicht behandeln. Größere Schnittwunden verschließen Sie mit Baumwachs. Wenn Sie im Sommer schneiden und die Wundränder nicht ausgefranst sind, kann der Baum sie rasch verschließen und sich gegen Pilzbefall schützen. Mein Tipp: Reiben Sie die Schneidwerkzeuge vor Gebrauch mit Alkohol ab. Das verringert das Risiko der Übertragung von Krankheiten.

SÄULENOBST SCHNEIDEN IN VIER SCHRITTEN

1. Schneiden Sie den senkrechten Leittrieb erstmals in einer Höhe von 80 cm. Das fördert die Bildung von Seitentrieben.
2. Lassen Sie den Leittrieb jedes Jahr 50 cm höher werden, bis die gewünschte Endhöhe erreicht ist.
3. Kürzen Sie die Seitentriebe auf 20–40 cm ein, um eine weitere Verzweigung und damit einen vermehrten Ansatz von Fruchtknospen anzuregen.
4. Entfernen Sie ältere, stark verholzte Triebe am Stamm. Sie rauben den jungen, fruchttragenden Trieben das Licht und bringen kaum Erträge.

Klein, aber oho: Ballerinas setzen im Verhältnis zu ihrer geringen Größe recht viele Früchte an.

Von süß bis sauer: Beerenvielfalt im Garten

Von der Hand in den Mund, so schmecken Brombeeren am besten. Gerlinde Walter kocht die schwarzen Früchte aber auch zu Konfitüre ein.

Beerenobst macht wenig Arbeit, aber viel Freude. In einem pflegeleichten Nutzgarten sollten ein paar Beerensträucher deshalb nicht fehlen. Pflanzen Sie von Ihren Lieblingssorten immer nur wenige Sträucher, das genügt für Johannisbeerkuchen und das Naschen zwischendurch.

Auf die Klassiker ist Verlass

Saftig-süße Himbeeren, feinherbe Brombeeren, aromatische Stachelbeeren und säuerliche, erfrischende Johannisbeeren – die Klassiker unter den Beerenarten gehören für mich in jeden Garten. Sie bringen eine reiche Ernte auf wenig Raum und sind zudem äußerst pflegeleicht. Johannis- und Stachelbeeren können Sie als Hochstamm oder Busch ziehen, und Brombeeren wachsen besonders platzsparend als Hecke an der Grundstücksgrenze oder an einem Spalier an der Hauswand. Am meisten Arbeit machen Himbeeren, die alljährlich neue, bis 2 m hohe Ruten hervorbringen. Sie werden fächerförmig an einem Spalier angebunden. Abgeerntete Ruten sollten Sie im Herbst bodennah zurückschneiden. Leider neigen Himbeeren mit ihren unterirdischen Ausläufern zum Wuchern. Wenn Ihnen das Abstechen der Ausläufer und das Aufbinden und Ausschneiden der Ruten zu viel Arbeit ist, dann verzichten Sie besser auf Himbeeren und suchen sich andere süße Früchtchen aus. Johannis-, Stachel- oder Jostabeeren sind keine Wucherer.

Pflegeleichte Erdbeerwiese

Erdbeeren gehören zu den beliebtesten Beerenfrüchten. Leider brauchen traditionelle Erdbeerbeete viel Platz und alle paar Jahre müssen die Pflanzen durch neue ersetzt werden, weil die alten nach spätestens drei Jahren kaum noch Früchte bringen. Weil Erdbeeren zudem selbstunverträglich sind, müssen Sie jede neue Pflanzung an einer neuen Stelle anlegen. Denn die Erdbeeren geben Stoffe an den Boden ab, die die neue Erdbeergeneration nicht gut wachsen lassen. Die Natur versucht auf diese Weise Krankheiten und Schädlinge im Boden, die vorzugsweise Erdbeeren befallen, auszuhungern.
Eine Erdbeerwiese mit der wie ein Bodendecker wachsenden Sorte 'Florika' spart in dieser Hinsicht viel Arbeit. Die einmal zwischen Mitte Juni und Mitte Juli tragende Sorte bringt mittelgroße Früchte mit einem zarten Wald-Erdbeer-Aroma hervor. Die zahlreichen Früchte stehen an stabilen Stängeln über dem Laub, sodass ein Unterlegen von Stroh zur Reifezeit überflüssig ist. Auf so einer Erdbeerwiese kann man bis zu acht Jahre lang ernten, bis sie an anderer Stelle erneuert werden sollte. Pro Quadratmeter rechnet man etwa 4–6 Pflanzen, die sich durch Ausläufer teppichartig ausbreiten. Pro Jahr wächst die Erdbeerwiese um 50 cm nach außen, wenn sie nicht gebremst wird.

BEERENSTRÄUCHER SCHNEIDEN

Ältere Johannis- und Stachelbeeren tragen zuverlässig, wenn sie direkt nach der Ernte durch einen beherzten Rückschnitt verjüngt werden. Schneiden Sie alte, vierjährige Triebe gleich über dem Boden ab. Lassen Sie dafür dieselbe Zahl kräftiger, einjähriger Triebe stehen. Zehn bis zwölf kräftige Triebe sollten im Idealfall erhalten werden. Entfernen Sie alle Seitentriebe bis 30 cm über dem Boden. Stachelbeeren wachsen schwächer als Johannisbeeren. Lassen Sie nur die kräftigsten Triebe stehen.

Mal was anderes

Wenn der Platz rar ist, sollten Sie ihn für besondere Beerenarten reservieren, die Sie nicht überall kaufen können: Der Handel bietet seit einigen Jahren einige exotische Beerensträucher an, die leckere, besonders vitaminreiche Früchte hervorbringen. Asiatische Goji-Beeren(*Lycium barbarum*) gelten als wahrer Gesundbrunnen, und die ab Mai reifenden, an Heidelbeeren erinnernden Lenzbeeren (*Lonicera kamtschatika*) sind ebenfalls sehr vitaminreich und delikat. Die nordamerikanische Apfelbeere (*Aronia melanocarpa*) enthält viele Antioxidantien, die aktiv gegen schädliche freie Radikale wirken. Die ebenfalls aus Nordamerika stammenden, kirschgroßen, korallenroten Cranberrys (*Vaccinium macrocarpon*), auch als Großfrüchtige Moosbeere bekannt, sind eng mit unseren Preiselbeeren verwandt. Sie stärken das Immunsystem und schmecken frisch, getrocknet sowie als Kompott oder Konfitüre. Alle genannten Arten sind sehr pflegeleicht, nur die Goji-Beere braucht einen gelegentlichen Schnitt, wie er auch bei Johannisbeeren üblich ist.

Wenn Sie Stroh zwischen die Erdbeeren legen, bleiben die Früchte trocken und schimmeln nicht so leicht.

Beeren zwischen Blumen: Als ich meinen Nutzgarten vor einigen Jahren auflöste, standen zuletzt noch einige Johannisbeersträucher verwaist herum. Es hätte mir das Herz gebrochen, sie einfach so zu roden. Nach reiflicher Überlegung kam ich zu dem Schluss, dass sie sicher einen Platz zwischen Ziersträuchern wie Weigelie, Pfeifenstrauch und Blasenspiere mehr zu schätzen wissen, als den Weg alles Irdischen zu gehen. Also habe ich sie in die Strauchrabatte gepflanzt. Ich hoffte, dass sie dann irgendwie schon überleben würden. Und tatsächlich fühlen sie sich dort wohl – sogar so sehr, dass sie sich jedes Jahr mit ein paar Händen voller süßsaurer Beeren bedanken!

Obst und Gemüse in Griffweite

Gemüsepaprika in Töpfen möchten in voller Sonne und am besten vor einer Hauswand stehen, damit sie von der abstrahlenden Wärme profitieren.

Viele Obst- und Gemüsearten wachsen auch im Kübel – sogar auf dem Balkon und der Terrasse. Im Kübel sind viele Pflanzen außerdem leichter und ohne Bücken zu erreichen, wenn Sie Appetit darauf haben.

Aus Topf und Kübel

Dass Kräuter auch in Töpfen gut gedeihen, hat sich inzwischen herumgesprochen. Aber wussten Sie, dass es auch viele Obst- und Gemüsesorten gibt, die sich problemlos im Kübel ziehen lassen? Das klingt zunächst versponnen. Doch bei manchen Arten lohnt sich der Anbau im Kübel durchaus. Besonders dann, wenn Sie kein Allerweltsgemüse, sondern Raritäten, Liebhabersorten und alte oder regionale Sorten anpflanzen, die es nicht in jedem Supermarkt zu kaufen gibt. Außerdem können Sie die Früchte voll ausreifen lassen, was dem Aroma zugute kommt.

Wenn Sie sich Gemüse im Kübel wünschen, kommt es vor allem auf die richtige Auswahl der Arten und Sorten an. Der knappe Raum für die Wurzeln sowie der hohe Nährstoff- und Wasserbedarf der meisten Arten schränkt die Wahl etwas ein. Nimmersatte Kürbispflanzen und Vielfraße wie Kohl wird kaum jemand im Kübel halten. Und auch ein kleiner Kartoffelacker für den

Eigenbedarf ist auf dem Balkon wenig sinnvoll. Obwohl: Rare und köstliche Kartoffelsorten wie die blaufleischige 'Vitelotte Noire' oder die Hörnchen-Kartoffel 'La Ratte d'Ardèche' lohnen einen Versuch. In einem ausreichend tiefen Kübel sind bescheidene Ernteerfolge bei diesen Kartoffelspezialitäten durchaus möglich und der Mühe wert.
Einige Arten wie Radieschen, Chili oder Rukola wachsen von Natur aus kompakt und sind damit ideale Kandidaten für die Topfkultur. Selbst Spinat, Kohlrabi, Mangold, Rote Bete und kugelförmige Karotten gedeihen in Kübeln mit nährstoffreicher, humoser Erde. Wenn Sie mit mehreren Arten in einem Topf experimentieren möchten: Schauen Sie auf die Verträglichkeit der Arten untereinander – nicht jeder kann mit jedem. So vertragen sich Tomaten gut mit Kopfsalat und Basilikum, mögen aber keine Gurken.

Feine Kleine

Bei sogenanntem Minigemüse für Balkon und Terrasse handelt es sich um spezielle Züchtungen mit kompaktem Wuchs und kleinen Früchten, die mit weniger Platz auskommen als ihre großen Verwandten. Bei Tomaten sind selbst von wenigen Pflanzen schon relativ hohe Erträge möglich, sofern Sie reichlich gießen und düngen. Bei den anderen Minigemüsearten fällt die Ernte meist nicht sehr üppig aus. Aber darauf kommt es auch nicht an. Viel mehr zählt die Freude, wenn Sie die ersten eigenen Auberginen oder Paprikaschoten ernten können. Übrigens eignet sich Minigemüse in Töpfen und Kübeln hervorragend, um Kinder spielerisch an das Gärtnern heranzuführen.

Erdbeeren in Töpfen

Das wohl am häufigsten in Töpfen gezogene Obst sind Erdbeeren. Pflanzen Sie aber nicht irgendeine Sorte, denn die meisten bringen nur gute Erträge, wenn sie zahlreich in Reihen im Gartenboden wachsen. Für Balkone eignen sich kletternde oder hängende Züchtungen. Dabei handelt es sich um sogenannte Monats-Erdbeeren, die nur eine Saison lang, und zwar von Mitte Juni bis in den Herbst hinein, reiche Ernte bringen. Natürlich werden Sie von einer Pflanze nicht so viele Beeren ernten, dass Sie Konfitüre damit kochen können. Aber zum genussvollen Naschen reicht es allemal.

Andenhorn und Berner Rose: Ich ziehe meine Tomaten in Pflanzkübeln. Auf 'Ochsenherz', 'San Marzano', 'Berner Rose', 'Andenhorn' und andere alte, schmackhafte Sorten möchte ich nicht verzichten, denn im Handel sind die köstlichen Früchte dieser botanischen Kostbarkeiten kaum zu bekommen. Grund genug, sich die Mühe zu machen, täglich einmal nach den Schätzchen zu sehen, ihre Triebe auszugeizen oder aufzubinden und ihnen einen Schluck Wasser zu geben.

MINIGEMÜSE FÜR DEN KÜBEL

Das Angebot an Balkongemüse wird dank der Nachfrage immer größer. Hier einige aktuelle Sorten:

- Aubergine :'Ophelia F1' (schwarzviolett), 'Ivory F1' (elfenbeinweiß)
- Karotte: 'Caracas F1'
- Paprika: 'Cartago F1' (roter Blockpaprika), 'Ice Age F1' (elfenbeinfarbener Blockpaprika), 'Pinokkio' (gelber Spitzpaprika), 'Toscana F1' (roter Spitzpaprika)
- Salatrauke: 'Runway'
- Snackgurke: 'Iznik F1'
- Tomate: 'Balkonstar', 'Bitonto F1' (Kirschtomate), 'Microcherry' (Ampeltomate), 'Lizzano F1' (widersteht Braunfäule)
- Zucchini: 'Summer Ball F1' (gelb, rund), 'Patio Star F1' (dunkelgrün)

Kompromisse schließen – und genießen

Verabschieden Sie sich von Zeiträubern und falschem Ehrgeiz im Garten. Dann müssen Sie in Zukunft nicht mehr so ackern. Jetzt wird es Zeit, entspannter zu gärtnern!

Ein Bekannter ist vor einigen Jahren in eine alte Mühle umgezogen und hat dort einen Traumgarten angelegt. Bei meinem ersten Besuch war ich schwer beeindruckt und wollte viele Anregungen in meinem eigenen Garten umsetzen. Aber was hätte das bedeutet? Einen Teil der Anlage neu planen, zahllose Pflanzen umsetzen, dazu neue anschaffen und dann die ganzen Pflegearbeiten, damit das alles so herrlich aussieht wie rund um die alte Mühle? Schließlich habe ich mich dazu durchgerungen, meinen Garten nicht noch pflegeaufwendiger zu gestalten, als er ohnehin schon ist. Im Gegenteil, ich prüfe jetzt, wo ich was vereinfachen kann, damit ich in Zukunft mehr Zeit zum Verbummeln zwischen Rosen und Duftpflanzen habe. Wenn ich prächtige Schaubeete oder eine beeindruckende Sammlung seltener Pflanzenschätze sehen möchte, weiß ich, wo ich sie finde. Ich muss das nicht selbst haben, um solche besonderen Gartenerlebnisse genießen zu können.
Fragen Sie sich manchmal, für wen Sie den Garten angelegt haben – für sich und Ihre Familie? Oder damit die Nachbarn einen guten Eindruck von Ihnen haben? Ich bin inzwischen zu der Erkenntnis gekommen: „Sollen doch die Nachbarn denken, was sie wollen – mein Garten gehört mir!“ Sie können frei darüber entscheiden, wie viel Kraft und Zeit Sie in Ihren Garten investieren. Weniger auf die Meinung der Nachbarn und das damit verbundene Prestige zu geben, bedeutet einen spürbaren Zugewinn an anderer Stelle – mehr Lebensqualität, mehr Freizeit und letztendlich auch mehr Gartengenuss. Gärtnern Sie in Zukunft ganz nach Lust und Laune! Soll es doch etwas mehr Prestige sein? Dann holen Sie sich einfach professionelle Hilfe von einem Gartenbauunternehmen!

Mit den Jahren bin ich großzügiger geworden, ich kann über das eine oder andere wild sprießende Pflänzchen hinwegsehen.

Weg mit den Zeiträubern!

Ein altes Holzfass als Regentonne, ein paar Töpfe und Kieselsteine – ganz leger und trotzdem schön.

Wenn Ihnen alles im wahrsten Sinne des Wortes über den Kopf wächst und die Gartenarbeit Ihnen nicht mehr so viel Freude wie früher macht, wird es Zeit, grundlegende Entscheidungen zu treffen, mit überkommenen Gewohnheiten zu brechen und etwas Neues zu beginnen.

Einfach mal Nein sagen

Damit ein Garten immer tipptopp gepflegt aussieht, ist in der Regel viel Arbeitseinsatz nötig. Aber vielleicht geht es auch anders. Brauchen Sie wirklich akkurat abgestochene Rasenkanten und Pflasterfugen ohne einen Hauch von Moos? Oder das ständige Hacken der Beete: Genügt es nicht, einfach größere Wildkräuter von Hand zu jäten und den Boden mit einer Mulchschicht zu bedecken? Im Übrigen machen gut durchdacht bepflanzte Staudenbeete kaum Arbeit, weil sie bei ausreichend dichter Bepflanzung nicht gehackt werden müssen. Eine Alternative zu pflegebedürftigen Beeten sind großflächig angepflanzte Bodendecker wie Dickmännchen (*Pachysandra terminalis*), Kleines Immergrün (*Vinca minor*), Golderdbeere (*Waldsteinia ternata*) oder Großblütiges Johanniskraut (*Hypericum calycinum*). Diese Pflanzen sehen gerade in größeren Gruppen und unter lockeren Gehölzgruppen nahezu das ganze Jahr über wirklich schön aus und sind äußerst pflegeleicht.
Lernen Sie, loszulassen und auf das eine oder andere zu verzichten. Ein wichtiger Schritt, um sich den Alltag im Garten zu erleichtern, ist das Wegwerfen lernen. Warum müssen Sie die hässliche, von Tante Frieda geschenkte Rose

aufheben, wenn sie ohnehin immer kränkelt? Und andere Dauerpatienten im Garten machen ebenfalls nur unnötig Arbeit. Einfach weg damit! Wenn Ihnen der Kompost als Endlager zu grausam erscheint, dann stellen Sie die Kandidaten mit einem Schild „zu verschenken" einfach vor den Gartenzaun. Irgendjemand wird sich ihrer schon annehmen. Probieren Sie es einfach mal aus und Sie werden sehen, wie befreiend es sein kann, sich von solchen Zeiträubern zu trennen!
Lernen Sie außerdem, auf Modetorheiten zu verzichten. Auch wenn überall Blumenampeln, Hanging Baskets oder andere arbeitsaufwendige Trends propagiert werden – verzichten Sie einfach darauf! Das spart Ihnen viel Arbeit! Es gibt zahlreiche weitere Ansatzpunkte, um die lästigen Zeiträuber bei der Gartenarbeit zu eliminieren. Gehen Sie einmal wachen Auges durch Ihren Garten und fragen Sie sich, welche Arbeiten besonders zeitintensiv sind und mehr Kraft beanspruchen, als Sie aufbringen können (oder wollen). Sicher fallen Ihnen ganz individuelle Lösungen ein!

Eine Waldrebe erobert charmant eine alte Stehleiter.

Gärtnern mit der Natur

Mit der Natur zu Gärtnern spart Kraft und Zeit. Dabei muss ich aber von Anfang an mit einem Missverständnis aufräumen: Ein naturnaher Garten ist kein vernachlässigter Garten, in dem nach dem Laisser-faire-Prinzip alles einfach so läuft. Zwar darf in einem naturnahen Garten statt akkurater Aufgeräumtheit durchaus etwas nonchalante Unordnung herrschen. Dennoch sind gewisse Pflegearbeiten nötig, damit aus dem Garten keine ungepflegte Wildnis wird. Naturnahes Gärtnern ist ganz einfach: Versuchen Sie, Ihrem Garten zuzuhören, statt ihm Ihren Willen aufzuzwingen. Es spart Kraft, Zeit und Geld, wenn Sie nicht partout auf einem Rosenbeet im Schatten oder die Pflanzung von Rhododendren in kalkigem, für diese Pflanzen ungeeignetem Boden bestehen.
Mähen Sie den Rasen einfach weniger häufig. Wildkräuter im Rasen führen zu mehr Vielfalt der Arten und beleben Ihren Garten auch optisch. Und ein ganz wichtiges Prinzip des Naturgartens: Greifen Sie bitte nicht zu chemischen Düngern und Pflanzenschutzmitteln. Nutzen Sie stattdessen die Kräfte der Natur: Setzen Sie Pflanzenjauchen an, bringen Sie Kompost aus und fördern Sie eine reiche Tierwelt in Ihrem Garten – die tierischen Nützlinge werden Ihnen dann sicher bei der Bekämpfung von Schädlingen und bei der Bestäubung der Obstbäume und Gemüsepflanzen helfen.

TIERISCHE HELFER ANLOCKEN

- Bieten Sie mit Trockenmauern und Totholzhaufen Tieren einen Unterschlupf.
- Lassen Sie in abgeschiedenen Ecken Wildkräuter wie Brennnesseln als Nahrung für Raupen wachsen.
- Mit Wasserstellen, Nistkästen und Winterfütterung locken Sie Vögel in den Garten, die wiederum Läuse vertilgen.
- Ziehen Sie heimische Laubgehölze den Koniferen vor, denn diese Nadelgewächse haben Insekten und Co. keine Nahrung zu bieten.

Seien Sie großzügiger: Manchmal muss man nicht die Praxis ändern, sondern die Einstellung. Früher habe ich den Ehrgeiz gehabt, dass kein Unkraut die Beete verunziert und alle Arbeiten im Garten sofort angepackt werden. Inzwischen bin ich großzügiger geworden und kann über das eine oder andere wild sprießende Pflänzchen hinwegsehen. Manches entpuppt sich sogar als kleiner Schatz, wie etwa die zahllosen Horn-Veilchen, die sich im Kübel zu Füßen des Olivenbaums ausgesät haben. Die Mutterpflanze hatte ich im Frühjahr dort „geparkt", bis sie im Frühsommer schlapp machte und auf den Kompost wanderte. Jetzt erfreuen mich ihre Nachkommen.

Hilfreiche Geister

Ein Garten ist eine ewige Baustelle. Das muss nicht unbedingt etwas Negatives sein, oft lieben wir diese ständigen Veränderungen und Herausforderungen. Aber wenn Sie sich dem nicht mehr gewachsen fühlen, sollten Sie sich Hilfe holen.

Zu zweit geht's leichter

Sie kennen das Phänomen sicher aus eigener Erfahrung: Die Pflegearbeiten werden mit jedem Jahr schwerer und auch die Gießkannen waren früher irgendwie leichter zu schleppen. Gehölze umpflanzen, den Kompost wenden, Trittplatten neu verlegen, Stützpfähle einschlagen oder eine morsche Pergola neu aufbauen – manche Arbeiten werden mit zunehmendem Alter immer mehr zu einer körperlichen Herausforderung. Es ist keine Schande, sich bei bestimmten Arbeiten Hilfe zu holen. Oft genügt es, wenn eine hilfreiche Person mit Hand anlegt, allein schon wegen der Motivation, die man durch die Unterstützung erhält. Wenn Sie keinen Partner haben, dann suchen Sie im Bekanntenkreis oder in der Nachbarschaft nach Helfern, die gelegentlich mal beherzt mit anpacken.

Schwere Arbeiten delegieren

Manchmal müssen Sie vor einer Aufgabe einfach kapitulieren – und das ist völlig in Ordnung. In solchen Fällen sollten Sie delegieren können (siehe Seite 85). Das fällt am Anfang vielleicht schwer. Viele Gartenbaufirmen warten sehnlichst auf Ihren Auftrag – sie leben von Menschen wie Ihnen. Sie müssen ja nicht gleich den ganzen Garten umgestalten lassen oder alle Arbeiten abgeben. Es hilft schon viel, wenn Sie beispielsweise im Herbst anfallende Aufräumarbeiten und den obligatorischen Frühjahrsputz im Garten von einer Fachfirma erledigen lassen. Auch der regelmäßig fällige Gehölzschnitt zur Pflege von Sträuchern und Bäumen ist eine Aufgabe, mit der Sie besser eine Firma beauftragen, die dann praktischerweise auch noch den ganzen Abfall mitnimmt. Sie sollten aber auf qualifiziertes Personal, das meist ein wenig teurer ist, Wert legen – damit Sie sich nach den Aufräumaktionen nicht ärgern.

Haben Sie keine Sorge: Pflegearbeiten, die Sie selbst erledigen können, fallen im Alltag noch genug an, sodass Sie nicht arbeitslos werden.

Morgen ist auch noch ein Tag

Sie müssen nicht alles jetzt und heute erledigen. Na schön, ich gebe zu: Wenn plötzlich Nachtfröste drohen, dann müssen die empfindlichen Kübelpflanzen gleich in Sicherheit gebracht werden. Ich geistere dann auch schon mal bei Dunkelheit – sehr zur Verwunderung meiner Nachbarn – mit der Sackkarre durch den Garten oder decke die entsprechenden Kandidaten zur Überbrückung einer kalten Nacht mit Bettlaken oder Wolldecken ab. Aber die meisten Arbeiten lassen sich auf einen späteren Zeitpunkt verschieben. Dann geht es Ihnen vielleicht körperlich besser als im Moment. Oder Sie warten, bis Ihre Kinder oder Freunde zu Besuch sind und spannen sie für schwerere Arbeiten ein. Wenn Sie beispielsweise dafür etwas Gutes kochen oder backen, werden beide Seiten glücklich sein!

Manchmal ist es sogar von Vorteil, wenn Sie nicht alles an einem Tag erledigen. Wichtige Entscheidungen wollen überlegt sein. Da spreche ich aus Erfahrung: Bei der Umgestaltung eines Staudenbeets habe ich an einem Tag die Stauden ausgegraben und erst mal in feuchter Erde zwischengelagert. Der Gärtner bezeichnet das übrigens als „einschlagen“. Am Abend machte ich mir dann Gedanken. Welche Stauden möchte ich unbedingt wieder im selben Beet einpflanzen, welche könnte ich teilen, an anderer Stelle einpflanzen oder meinen Gartenfreunden weiterschenken? Ich habe eine Nacht darüber geschlafen, entschieden, was wohin kommt – und die nötige Kraft gesammelt, das Vorhaben in die Tat umzusetzen.

Gute Nachbarn sind Gold wert. Früher wollte ich immer alles allein schaffen. Meist ging das auch, aber inzwischen sind meine Kräfte nicht mehr unerschöpflich. Besonders über schwere Lasten beschwert sich mein Rücken heute heftig, zum Beispiel wenn ich Säcke mit Pflanzerde, Kies oder Rindenmulch aus dem Auto heben will. Wie gut, dass ich nette Nachbarn habe! Wenn sie Hilfe brauchen, packe ich bei Ihnen mit an. Dafür helfen sie mir, wenn ich mit einer Arbeit nicht allein klarkomme. Wie heißt es doch so schön: Eine Hand wäscht die andere!

Einsicht ist besser als ein verrenkter Rücken.

Manchmal können Nachbarn auch mit einem guten Rat helfen.

Damit unseren Enkeln später einmal ein grüner Daumen wächst!

Der Mehrgenerationengarten

Gerlinde Walter kocht am liebsten mit gartenfrischem Gemüse. So kann sie ihren Enkeln auch zeigen, wo Paprika, Tomaten und Kartoffeln wachsen.

Zusammen mit den Kindern und Enkeln im Garten zu werkeln ist eine verbindende Erfahrung und gibt den „Altern Hasen" die Möglichkeit, ihr Wissen an die Jugend weiterzugeben.

Im Garten für das Leben lernen

Früher war es ganz normal, dass die ganze Familie im Garten mit angepackt hat. In heutiger Zeit sind aber bereits die Kinder im „Freizeitstress": Schule, Nachhilfe, Sport, Musikunterricht und Reitstunde – da bleibt für das Spielen im Garten kaum mehr ein Stündchen. Vielleicht sollte man das ganz bewusst wieder aufleben lassen, denn Kinder können in der Natur viele Dinge lernen, die ihnen auf ihrem weiteren Lebensweg helfen. Vielleicht nicht Mathe und Musik, aber wertvolle Lektionen in Sachen Geduld, Ausdauer, Konzentration auf eine Tätigkeit und auch die Beschäftigung mit sich selbst, ganz ohne Handy und Spielkonsole.

Gucken, wie Oma das macht

Viele Kinder denken, Kartoffeln, Tomaten, Möhren und Salat werden im Supermarkt oder irgendwo in Fabriken hergestellt. Das Wissen über die Herkunft unserer Nahrung geht im Zeitalter von Tiefkühlkost und Fast Food immer mehr verloren. Das muss nicht zwangsläufig so sein. Wenn Sie einen Garten haben, können Sie nachfolgenden Generationen zeigen, wo und wie Obst und Gemüse wachsen. Angefangen von der Aussaat über das Keimen und Heranwachsen der Pflänzchen bis hin zur Ernte der Früchte und dem Absterben der Pflanzen im Herbst können die Kinder im Garten den gesamten Lebenszyklus einer Pflanze erleben. So lernen sie, natürliche Zusammenhänge zu verstehen. Kinder, insbesondere die kleinen, machen gern alles nach, was „die Großen" können. Führen Sie die Kinder durch ihr Vorbild an das Gärtnern heran – Sie werden überrascht sein, mit wie viel Liebe schon kleine Kinder an Pflanzen herangehen.

Lassen Sie die Kinder anfangs bei einfachen Arbeiten helfen. Damit der Spaß nicht zu kurz kommt, sollte das spielerisch und nicht mit dem erhobenen Zeigefinger geschehen. Und akzeptieren Sie es auch, wenn die Kleinen mal keine Lust haben. Wichtig wäre aber auf alle Fälle, ihnen zu erklären, dass Pflanzen Lebewesen sind, die eigene Ansprüche haben. Der Anblick einer verdurstenden Pflanze kann anschaulich machen, was passiert, wenn sie bei Trockenheit nicht gegossen wird. Zwar können Kinder später im Erwachsenenalter das Wissen um Pflanzen und deren Pflege aus Büchern lernen. Aber das Gefühl für die Natur und die Freude am Gärtnern muss in jungen Jahren vermittelt und durch eigene Erfahrung geweckt werden.

Aus Schülern werden Helfer

Ganz über das rein praktische Wissen hinaus können Sie den Kindern außerdem zeigen, wie anregend und befriedigend das Gärtnern sein kann. Dann haben Sie später vielleicht begeisterte Helfer bei der Gartenarbeit, wenn Sie mal nicht so können, wie Sie es wollen oder wenn Sie im Urlaub sind. Dies sollte nicht als Aufruf zur Wiedereinführung der Kinderarbeit missverstanden werden. Vielmehr geht es darum, den jungen Menschen etwas mit auf den Weg zu geben, dass sie nicht aus Büchern lernen können – Zufriedenheit tanken beim Gärtnern und beim Aufenthalt in der Natur!

FRÜH ÜBT SICH ...

Wenn Kinder früh genug ans Gärtnern herangeführt werden, entwickeln sie das Gefühl für den Umgang mit Pflanzen. Ein kleines Beet, in dem sie – unter Anleitung und mit der Unterstützung „der Großen" – selbst säen, pflanzen, pflegen und die Früchte ihrer Arbeit ernten, ist ein guter Anfang. Mit jeder kleinen Aufgabe, die sie allein bewältigen, wachsen ihre Erfahrung und ihr Gespür für das Gärtnern und die Natur.

Wolfgang Walter genießt es, mit den Enkeln im Garten zu spielen.

Schaut mal, was ich gefunden habe!

Unterwegs in der Kleingartenanlage

Der Garten ist nicht nur zum Arbeiten da. Seit die Kinder aus dem Haus sind und die Walters nicht mehr so viel Obst und Gemüse im Garten anbauen, bleibt mehr Zeit für die Muße. Statt sich immer neue Pflichten aufzuhalsen, nutzt das Ehepaar seine neu gewonnene Freizeit, um sich wieder mehr mit ihren Nachbarn auszutauschen, sich mit Gartenfreunden im Vereinsheim zu treffen oder mal ein Buch zu lesen. Einfach mal gar nichts zu tun, fällt so aktiven Menschen wie den Walters doch eher schwer. Durch ihre ehrenamtliche Arbeit beim Verband der Kleingärtner Baden-Württemberg e. V. haben sie eigentlich immer etwas zu tun. Ganz besondere Freude macht es Wolfgang Walter, wenn er Kindern das Leben in der Kleingartenanlage näherbringen kann. Für manche der Dreikäsehochs ist die Anlage dank der Zuwendung durch die Walters zum zweiten Zuhause geworden. Und dann gibt es ja auch noch die Verbandszeitschrift, für die Herr Walter hin und wieder Artikel verfasst ...

Eine neue Gärtnergeneration wächst heran ...

Nägel mit Köpfen machen

Sie haben einen Gartenplan und einen Wunschzettel erstellt, sich Gedanken über allgemeine Arbeitsentlastung und das Abspecken des Nutzgartens gemacht – jetzt geht es ans Werk!

Wir alle werden älter. Da ist es ganz normal, dass wir einen Gang zurückzuschalten möchten, Arbeiten delegieren und auf eventuell auftretende Einschränkungen und Behinderungen Rücksicht nehmen müssen. Das heißt auch, den Garten an die neuen Bedürfnisse anzupassen. Bevor Sie jedoch die Ärmel hochkrempeln und an die eigentliche Arbeit gehen, erstellen Sie am besten einen Fahrplan zur Neugestaltung Ihres Gartens. Wenn Sie Schritt für Schritt vorgehen, sich ein paar Gedanken machen, gut gemeinte Ratschläge beherzigen und sich nicht zu viel zumuten, können Sie Ihren Garten jetzt und bis ins hohe Alter genießen!

Ein realistischer Plan, wann was zu machen ist, ist ein sinnvolles Hilfsmittel, damit Sie vorankommen, sich gleichzeitig aber nicht zu viel zumuten. Sonst ähnelt das geplante Gartenglück vielleicht eher einem Chaos und das Ergebnis ist im schlimmsten Fall ein Provisorium, das nie fertig wird. Wobei ich gleich anmerken muss, dass ein Garten sowieso nie fertig wird – er ist ein lebendiges Etwas, das niemals statisch ist und sich immer weiter entwickelt. Aber so lieben wir ihn ja auch!

Neue Wege gehen

Wege können sich zu Plätzen erweitern, die mit einigen Kübelpflanzen zu einem Blickfang werden.

Wege sind mehr als eine Verbindung zwischen zwei Punkten. Wie heißt es so schön: Der Weg ist das Ziel. Das gilt auch für Gartenwege, die in Funktion und Gestaltung so vielfältig sein können wie das Leben selbst. Verlieren Sie bei der Wegeplanung aber nie die Sicherheit aus den Augen.

Eine wassergebundene Wegedecke, die mit Pflasterklinker eingefasst wurde.

Beläge und Einfassungen

Ein Garten wird erst durch Wege erschlossen. Zunächst stehen bei jeder Planung und Umgestaltung die Wegeführung und die Art der Einfassung im Vordergrund. Gartenwege können gerade oder geschwungen verlaufen, von Rasenflächen eingerahmt oder von einer abwechslungsreichen Bepflanzung gesäumt werden. Sie sollten immer möglichst direkt zum Ziel führen, damit Sie nicht in Versuchung kommen, eine Abkürzung zu nehmen und dabei auf unsicheren, weil holperigen oder rutschigen Pfaden wandeln. Vermeiden Sie bei der Planung scharfe Kurven und rechtwinklige Abbiegungen und möglichst auch Absätze und Stufen. So können Sie sich in jeder Situation bequem, sicher und barrierefrei fortbewegen.
Ganz wichtig ist die an die Funktion angepasste Breite: Hauptwege sollten eine Breite von mindestens 1,50 m haben, damit genug Platz für zwei Personen nebeneinander vorhanden ist und auch ein Rollstuhlfahrer die Möglichkeit zum Rangieren hat. Je seltener ein Weg benutzt wird, und je weiter er vom Haus und Sitzplatz entfernt ist, desto schmaler darf er sein, und desto natürlicher kann der Wegebelag ausfallen.

Nur nicht stolpern

Verlieren Sie nie die gute Begehbarkeit, die Sicherheit und den Pflegeaufwand aus den Augen. Befestigen Sie häufig genutzte Hauptwege immer mit festen Materialien wie Beton-Pflastersteinen oder Naturstein. Weiche Beläge erschweren das Vorankommen mit Sack- oder Schubkarren, Gehhilfen und Rollstühlen erheblich. Die Einfassung mit hoch gestellten Kantsteinen, wie sie üblich ist, stellt eine Stolperfalle dar. Besser sind bodengleich versenkte Einfassungssteine, die genauso gut Rasenflächen oder die Bepflanzung vom Weg abgrenzen und ein Wegrutschen des Wegebelags verhindern.
Achten Sie bei der Planung von Wegen nicht nur auf eine möglichst schöne und spannungsreiche Wegeführung, sondern auch auf die Sicherheit. Ganz gleich, für welchen Belag Sie sich entscheiden – Wege sollten bei jeder Witterung gut begehbar sein. Strukturierte Oberflächen sind rutschfester als glatte, helle Farben besser als dunkle. Vermeiden Sie Stolperfallen wie etwa einzelne Stufen, die leicht übersehen werden können. Sind Stufen dennoch unvermeidlich, dann sollten sie farblich abgesetzt sein, um ins Auge zu fallen.
Wenn Wege auch in der Dämmerung oder nachts benutzt werden, ist eine Beleuchtung wichtig. Ideal sind niedrige, nach oben abgeschirmte Lampen, die den Weg säumen. Sie blenden nicht und fallen tagsüber kaum auf. Werden Sie automatisch mit einem Bewegungsmelder oder einer Zeitschaltuhr gekoppelt, brauchen Sie sich keine Gedanken über das An- und Ausschalten zu machen. Solarlampen sind zwar eine energiesparende und bei der Installation praktische Alternative zum Verlegen von elektrischen Leitungen. Leider haben sie aber nur eine geringe Kapazität und leuchten oft zu schwach, um wirklich Sicherheit zu gewährleisten. Bei Treppen sorgen in die Stufen integrierte Leuchten für einen sicheren Auftritt.

Sicher auf allen Wegen: Im Garten der Walters gibt es einen breiten Weg, der im leichten Zickzack von der Gartenpforte zur Hütte und zum Sitzplatz unter der Pergola führt. Er ist mit Betonplatten befestigt und bei jedem Wetter sicher begehbar. Den Sitzplatz selbst haben die Walters mit Beton-Pflastersteinen befestigt. In der angrenzenden Rasenfläche erlauben einzelne Trittsteine auch bei feuchter Witterung das sichere Begehen des „grünen Teppichs". Der Bereich rund um die Hochbeete ist ebenfalls mit Betonplatten bzw. Rindenmulch trittsicher gemacht. Zwischen den Beeten sorgen einzelne Trittsteine für einen sicheren Stand.

Gartenglück statt Provisorium!

GEEIGNETE BELÄGE

Lassen Sie sich bei einem Garten- und Landschaftsbauer beraten, welche Materialien, Farben und Qualitäten es gibt. Er sollte die Wege auch fachmännisch verlegen.

- **Für Haupt- und Fahrwege, Rampen und Treppen:** Beton-Pflastersteine, Klinker und ebenes Natursteinpflaster
- **Für Nebenwege und PKW-Stellplätze:** wassergebundene Decke und darauf aufgebrachter Kies, Splitt oder Schotterrasen, für Stellplätze auch Rasengittersteine, Sickerpflaster und Dränpflastersteine
- **Für Pflegewege, etwa rund um den Kompostplatz:** Kies, Holzhäcksel oder Rindenmulch

Unregelmäßige Naturstein-Trittplatten in Rindenmulch verlegt.

Es muss nicht immer Rasen sein

Eine Blumenwiese sieht zu jeder Jahreszeit anders aus.

Ein gepflegter Rasen ist der Stolz vieler Gartenbesitzer. Solch ein makelloser, kurz geschorener, sattgrüner Teppich macht aber eine Menge Arbeit. Grund genug, sich über Alternativen Gedanken zu machen.

BLUMENWIESEN SELBER AUSSÄEN

Saatgutmischungen gibt es inzwischen bei vielen Samenhändlern. Die beste Aussaatzeit ist, wie beim Rasen, im Frühjahr und im Herbst. Die Mischungen enthalten nicht nur Samen von wilden Wiesenstauden, wegen der Optik werden auch Samen von kurzlebigen Ackerwildkräutern wie Klatsch-Mohn und Kornblume beigemischt. Diese blühen zwar schon im ersten Jahr, verschwinden aber oft bereits im zweiten Jahr nach der Aussaat. Es kommen jedoch bald andere Arten der Umgebung hinzu, da ihr Samen herangeweht wird. Durch diesen natürlichen Prozess stellt sich bald ein ökologisches Gleichgewicht mit großer Artenvielfalt ein.

Für Perfektionisten

Damit ein Rasen gepflegt aussieht, muss er etwa einmal wöchentlich gemäht, mindestens zweimal jährlich gedüngt und in trockenen Sommern oft gewässert werden. Hinzu kommt die Bekämpfung von Rasenunkräutern. Und wenn der Rasen zum Teil im Schatten liegt, kommen noch eine schüttere Grasnarbe und Moos als Probleme hinzu. Glücklicherweise gibt es attraktive Alternativen zum konventionellen Rasen, die weniger Arbeit machen.

Blumenrasen und -wiesen

Ein Blumenrasen oder eine Blumenwiese sind stets netter anzusehen als ein vernachlässigter Rasen. Bei einem Blumenrasen sorgen Gräser für Trittfestigkeit und Belastbarkeit, und blühende Wildkräuter für fröhliche Farbtupfer. Blumenrasen können wie Rasenflächen genutzt werden, müssen aber nur vier- bis sechsmal jährlich gemäht und gar nicht gedüngt werden. Blumenwiesen bestehen ebenfalls aus einer Mischung von Gräsern und Wildstauden, wachsen aber höher und sind nicht zum Betreten gedacht. Sie werden nur ein- bis zweimal jährlich auf eine Höhe von 5 – 10 cm abgemäht und ebenfalls nicht gedüngt. Das Mähen hoch gewachsener Wiesen ist mühsamer als Rasenmähen und erfolgt mit einem Balkenmäher. Sie können das ruhig einer Fachfirma überlassen, es kostet nicht die Welt. Führen bestimmte Wege, etwa zum Kompostplatz oder in den Obstgarten, durch die Wiese hindurch, dann halten Sie die Gräser und Blumen dieser „Wege" durch häufigeres Abmähen mit dem Rasenmäher kürzer als den Rest der Wiese. So wird der wildromantische Gesamteindruck nur wenig verfälscht – im Gegenteil: So können Sie in die Wiese regelrecht eintauchen. Beobachten Sie doch einmal, wie viel Leben in solch einer Wiese steckt! Sie ist auf jeden Fall interessanter als eine eintönige pure Rasenfläche.

Schotterrasen, Kies und Bodendecker

Weitere Alternativen zu pflegeintensivem Zierrasen sind Schotter- oder Magerrasen, Kiesbeete mit Kräuterkissen und immergrüne Bodendecker. Für Schotter- oder Magerrasen wird der Boden mit Feinkies „abgemagert". Ansonsten gleichen sie dem Blumenrasen, sind aber noch robuster. Kiesbeete sind, einmal angelegt, eine pflegeleichte Sache. Damit sie nicht so öde wirken, pflanzen Sie trittfeste Polsterpflanzen wie kriechende Thymiansorten und Römische Kamille (*Chamaemelum nobile*) in die Kiesfläche. Das sieht hübsch aus und beim Betreten wird ein aromatischer Duft freigesetzt. Immergrüne Bodendecker wie Dickmännchen (*Pachysandra terminalis*), Kleines Immergrün (*Vinca minor*) und Efeu (*Hedera helix*) bilden innerhalb kurzer Zeit einen dichten Teppich. Als pflegeleichter Rasenersatz eignen sie sich insbesondere für schattige Standorte. Praktisch: Die meisten immergrünen Bodendecker unterdrücken das Aufkommen von Unkraut.

Stolperfallen und Rutschbahnen

Die Übergänge von Rasenflächen zu Wegen, also die Rasenkanten, sind berüchtigte Stolperfallen. Wenn Sie ohnehin eine Neuanlage der Rasenflächen planen, dann sollten Sie möglichst keine hochstehenden Kantensteine verwenden. Und noch ein Tipp: Rasenflächen werden bei Nässe zu einer rutschigen Angelegenheit – insbesondere, wenn sie sich an einem Hang befinden. Betreten Sie den Rasen erst dann wieder, wenn er abgetrocknet ist.

Manuelle Rasenpflege: Die kleinen Rasenflächen, die nach der Gartenumgestaltung übrig geblieben sind, mäht Herr Walter mit einem Handrasenmäher. Das ist nicht nur umweltschonend, leise und abgasfrei – der Schnitt mit den scharfen Messern des wendigen Geräts tut auch dem Rasen gut. Herr Walter sieht das Rasenmähen von Hand als körperliches Training an und nicht als lästige Pflicht. Damit das auch so bleibt, darf der Rasen allerdings nicht zu hoch sprießen, denn dann wird der eigentlich leichte Job doch noch zur Knochenarbeit.

Rasenpflege mit optimaler CO_2-Bilanz: Wolfgang Walter macht die Arbeit mit dem Handrasenmäher obendrein noch Spaß.

Ruhepunkte im Garten

Auf einer Rundbank im Schatten eines alten Baums kann man sich nur mal eben kurz ausruhen, aber auch einen langen, heißen Sommernachmittag mit einem guten Buch verbringen.

Pause machen ist wichtig. Sitzplätze und Ruheoasen an verschiedenen Orten im Garten laden dazu ein, immer mal wieder zu verweilen und durchzuatmen.

Sitzplätze für jede Gelegenheit

Sitzplätze und Ruheoasen im Garten kann man eigentlich nicht genug haben. Dabei kann es sich ganz klassisch um einen Tisch mit einigen Stühlen darum herum handeln oder eine bequeme Bank, Liegestühle oder stilvolle Deckchairs. Auch die gute alte Hollywoodschaukel erlebt wieder eine Renaissance. Selbst unkonventionelle Objekte wie ein Strandkorb oder eine Hängematte, die zwischen zwei Bäume gespannt wird, eignen sich prima, um zwischen anstrengenden Arbeiten kurz auszuruhen oder einfach mal die Seele baumeln zu lassen. In jedem Fall sollten Sie die Orte zum Entspannen so wählen, dass Sie barrierefrei zugänglich sowie vor fremden Blicken, Lärm und Zugluft geschützt sind. Wenn Sie von Ihrem Sitzplatz aus einen schönen Blick auf einzelne Bereiche Ihres Gartens haben, ist das ein zusätzliches Plus. Wählen Sie Ihre Ruheoasen nicht allein nach der Optik aus. Achten Sie vielmehr auf Ihre individuellen Bedürfnisse. In meinem Garten haben sich die Sitzplätze mit den Jahren immer weiter vermehrt. Anfangs gab es nur die Terrasse hinterm Haus. Das schien mir zu genügen. Später habe ich festge-

stellt, dass es mir mittags dort einfach zu heiß und zu sonnig ist. Also musste ein Schattenplätzchen her! Ich fand es unter einer alten Birke. Dieser heitere Baum filtert das Sonnenlicht angenehm, ohne düstere Schatten zu werfen. Einziger Nachteil: Im Spätsommer rieseln die winzigen, geflügelten Nussfrüchte der Birken in den Five o'Clock-Tea.
Im zeitigen Frühjahr und an sonnigen Herbsttagen sitze ich immer wieder mal für ein Stündchen in der Sonne, eingemummelt in eine kuschelige Wolldecke. Dafür habe ich mir hinter dem Gartenhaus eine nach Süden gewandte „Sonnenfalle" mit einem gemütlichen Deckchair eingerichtet. Selbst an schönen, aber kühlen Wintertagen werden dort mittags die warmen Sonnenstrahlen von den Mauern eingefangen, ohne dass kalter Wind beim Dösen stört.

Draußen kochen, draußen genießen

Die Walters haben mehrere Sitzplätze in ihrem Garten. Am häufigsten sitzen sie direkt vor ihrer Laube unter einer romantisch bewachsenen Pergola. Gleich um die Ecke befindet sich die im Sommer fast täglich genutzte Außenküche. Dort bereitet Frau Walter den frisch vom Hochbeet geernteten Salat zu oder auch mal eine kleine Zwischenmahlzeit. Einen weiteren Sitzplatz mit Tisch und Stühlen haben die Walters unter dem großen Kirschbaum eingerichtet. Und etwas weiter hinten befindet sich, geschützt zwischen Ziersträuchern, auch noch eine bequeme Bank.

Der Sonne hinterher

Sitzplätze können übrigens auch mobil und variabel sein, wenn die Gartenmöbel nicht zu schwer gewählt werden. Leichtgewichte unter den Gartenmöbeln, etwa aus Kunststoff, Geflecht oder Aluminium, lassen sich ohne große Mühe von einem Ort zum anderen tragen, zur Not auch der Sonne (oder dem Schatten) hinterher. Achten Sie beim Kauf der Gartenmöbel unbedingt auf die Bequemlichkeit. Der schönste Liegestuhl macht keine Freude und bleibt letztendlich ungenutzt, wenn er nicht gemütlich ist. Deshalb: Vor dem Kauf unbedingt Probesitzen! Gepolsterte Auflagen erhöhen den Sitzkomfort. Sie sollten allerdings nach dem Ruhestündchen vor Feuchtigkeit geschützt untergebracht werden. Auf einem klammen Kissen sitzt niemand gern.

Spontane Gemütlichkeit: In meinem Garten gibt es zwar für fast jede Tages- und Jahreszeit einen passenden Sitzplatz, aber manchmal möchte ich mich nicht zu weit vom Haus entfernen. Sei es, weil das Essen auf dem Herd schmort und ich gelegentlich umrühren muss, oder weil ich einen dringenden Anruf erwarte und in Reichweite von Schreibtisch und Terminkalender sein möchte. Für solche Gelegenheiten habe ich ein robustes, aber gemütliches Sitzkissen, das ich einfach auf die Stufen der Treppe zum Garten lege. Mit einer Tasse Tee und der Tageszeitung in der Hand mache ich es mir dann ganz spontan an Ort und Stelle gemütlich.

FESTEN BODEN UNTER DEN FÜSSEN

Gartenmöbel sollen standfest und sicher aufgestellt werden, damit Regenwasser rasch versickern kann, sich keine Pfützen bilden und es nicht zu Unfällen kommt. Der Untergrund sollte durch einen rutschfesten Belag befestigt sein. Sie können Sitzplätze mit Steinen oder Platten pflastern oder Kies, Holzhäcksel oder Rindenmulch als Belag wählen (siehe auch Seite 61). Auch Holzdecks sind als Untergrund für Sitzplätze beliebt, besonders am Haus und in unmittelbarer Nähe von Gartenteichen. Denken Sie aber daran, dass Holz bei Nässe rutschig wird.

In ihrer Freiluftküche bereitet Gerlinde Walter leichte Gerichte für die Mittagspause zu.

Erst die Arbeit, dann das Vergnügen – warum eigentlich? Heute beginne ich den Tag mit einer Mußestunde ...

Ungestört entspannen

Als Sicht- und Windschutz eignen sich Hecken, Mauern, Sichtschutzwände aus Holzlamellen oder begrünte Spaliere, manchmal auch einfach eine Hausecke. Wenn Sie auch bei Regenwetter draußen sitzen möchten, brauchen Sie ein wasserdichtes Dach über dem Kopf. Markisen aus Stoff oder Überdachungen aus Glas oder Plexiglas sind sehr praktisch. Ein Pavillon im Garten dagegen ist schon ein echter Luxus. Aber wenn Sie Platz dafür haben, ist so ein Pavillon ein herrlicher Ort, um geschützt vor der Witterung eine gemütliche Teestunde abzuhalten!

Ein schattiges Plätzchen

Die Sonne ist ein Freund der Gärtner, weil sie die Pflanzen gedeihen lässt. Wenn Sie aber von der Arbeit ausruhen möchten, ist ein Schattenplatz sehr willkommen. Deshalb sind Markisen, Sonnenschirme, Sonnensegel aus Textilmaterialien auf der Terrasse oder eine Pergola im Garten eine willkom-

Sitzplätze wie diese überdachte Bank sind Ruhepunkte im Garten. Von hier aus können Sie den Blick über Ihr grünes Reich schweifen lassen.

An dieser Pergola ranken eine Kletterrose, Efeu und eine Glyzine.

mene Oase, um der Hitze zu entfliehen. Markisen lassen sich heutzutage statt mit einer Handkurbel mit einem integrierten Elektromotor mühelos ein- und ausfahren. Es gibt sogar Modelle, die sich bei einem Wetterwechsel automatisch aus- oder einrollen und Ihnen jegliche Arbeit abnehmen.
Der Klassiker beim Sonnenschutz ist immer noch der Sonnenschirm. Der Handel bietet inzwischen recht komfortable Modelle an, bei denen Ihnen eine praktische Handkurbel das mühsame Strecken und gequetschte Finger beim Aufspannen ersparen. Fest eingelassene Bodenhülsen (am besten an mehreren Stellen auf der Terrasse und im Garten) ersparen das Schleppen von schweren Standfüßen. Große Ampelschirme mit exzentrischem Fuß sind schwenkbar und können, wenn das Metallgestänge einen Rostschutz hat und mit wetterfestem Material bespannt ist, nahezu ganzjährig im Freien bleiben. Die Ständer von Sonnenschirmen sind aus Gründen der Standfestigkeit naturgemäß sehr schwer. Früher waren sie aus Gusseisen oder Zementguss. Heutzutage halten mit Wasser befüllbare Kunststoffbehälter den Sonnenschirm in Position. Weil die Sonne aber wandert, ist es praktisch, wenn der Sonnenschirm mitwandern kann. Stellen Sie den Fuß einfach auf eine niedrige Rollhilfe, wie sie auch bei Kübelpflanzen verwendet wird. Ist diese mit einer Feststellbremse oder einem Keil versehen, kann der Sonnenschirm bei Wind nicht davonsegeln!

Unter dem Blätterdach

Mit Kletterpflanzen berankte Pergolen und Spaliere sind ideale Schattenspender für heiße Sommertage. Die grüne Bedachung kühlt angenehm und lässt ein diffuses Licht durch das Pflanzendach schimmern. Manche Arten trumpfen zusätzlich mit betörenden Blüten oder, wie Kiwis und Weinreben, mit essbaren Früchten auf. Am besten eignen sich mehrjährige Arten, die mit den Jahren ein dichtes Blätterdach bilden. Bedenken Sie aber, dass starkwüchsige Arten wie Glyzinen (Blauregen) einen jährlichen Rückschnitt brauchen. Solche luftigen Schattenspender schützen leider nicht vor Regen. Aber wenn die Tage kühler werden, werfen die meisten Kletterpflanzen ihr Laub ab und lassen dann die angenehm wärmenden Sonnenstrahlen hindurch.

GRÜNE SCHATTENSPENDER

Für Pergolen und Spaliere geeignete Kletterpflanzen:

- Blauregen, Glyzine (*Wisteria sinensis, W. floribunda*)
- Trompeten-Geißblatt (*Lonicera sempervirens*)
- Gewöhnlicher Hopfen (*Humulus lupulus*)
- Kletter-Hortensie (*Hydrangea anomala*)
- Jelängerjelieber (*Lonicera caprifolium*)
- Kiwi (*Actinidia deliciosa*)
- Amerikanische Pfeifenwinde (*Aristolochia macrophylla*)
- Kletterrose (*Rosa*-Sorten)
- Spalthortensie (*Schizophragma hydrangeoides*)
- Strahlengriffel (*Actinidia arguta, A. kolomikta*)
- Amerikanische Trompetenwinde (*Campsis radicans*)
- Berg-Waldrebe (*Clematis montana*)
- Weinrebe (*Vitis vinifera*)

Kurzweilige Stunden auf

Hmm, saftiger Obstkuchen – natürlich selbst gebacken.

der Terrasse

Die Terrasse vor dem Gartenhaus ist der unbestrittene Lieblingsplatz der Walters. Die Sitzmöbel sind so aufgestellt, dass man einen schönen Blick auf verschiedene Teile des Gartens hat, aber selbst vor neugierigen Blicken, Wind und praller Sonne geschützt ist. Hier sitzen die Walters oft mit Freunden beim Nachmittagskaffee oder feiern auch mal ein kleines Grillfest mit der Familie. Zum gemauerten Grill sind es von hier aus nur ein paar Schritte. Besonders bewährt hat sich der geschützte Sitzplatz bei Regenwetter. Wenn die Tropfen munter aufs Dach prasseln, raunt Frau Walter ihrem Mann zufrieden zu: „Heute übernimmt Petrus das Gießen!“

Das von Wein umrankte Dach hält Regen ab.

Weg mit Schmutzfängern und Nadelöhren

Funkien, Gräser und Lavendel säumen diesen Klinkerweg in meinem Cottage-Garten. Er ist zwar schmal, aber für meine Bedürfnisse ausreichend.

Verbringen Sie immer noch viel zu viel Zeit mit dem Kehren der Wege und Sitzplätze, mit dem Säubern von Platten und dem Herauskratzen von Unkraut aus den Pflasterfugen? Mit einigen pfiffigen Strategien kann das eigentlich der Vergangenheit angehören.

Freie Bahn statt enger Kurven

Welke Blätter, herabgerieselte Reste von Blüten und vom Wind heran gewehter Gartenabfall auf Wegen und Sitzplätzen sind nicht nur unschön – sie können, insbesondere bei feuchter Witterung, zu einer rutschigen Angelegenheit werden. Die Beseitigung dieser unerwünschten Relikte kostet Zeit und wird umso mühsamer, je verwinkelter und unzugänglicher die Wege und Sitzplätze angelegt sind. Wenn dann noch zahllose Töpfe, Kübel, Gartenzwerge oder Gießkannen im Weg stehen, müssen Sie sich bücken, strecken und das eine oder andere Objekt wegräumen, um den Abfall mit dem Besen oder mit den Händen zu fassen zu bekommen. Vermeiden Sie deshalb möglichst schon bei der Planung solche Schmutzfänger und Nadelöhre! Ausreichend breite Wege, gerade Wegkanten, großzügig geschwungene Kurven statt abknickender Wege und gut erreichbare Ecken, die nicht von Gartengerätschaften oder sonstigem Zeug verstellt werden, erleichtern das Kehren und Sauberhalten von Wegen und Sitzplätzen.

Algen und Moos

Algen und Moos setzen sich vor allem in schattigen Bereichen auf Holz, Trittplatten und Pflaster fest. Sie machen die Oberflächen unansehnlich, rutschig und damit letztlich auch zu einer Gefahr. Erfahrungsgemäß lassen sich diese Beläge umso schwerer beseitigen, je unebener, rauer oder poröser die Materialoberfläche ist. Vermeiden Sie daher solche Materialien an schattigen und feuchten Stellen im Garten. Wählen Sie stattdessen harte, beständige Materialien mit glatter Oberfläche aus. Wenn Moos und Co. dennoch zum Problem werden, gibt es mehrere Möglichkeiten zur Beseitigung: Schrubben mit einer Drahtbürste (was sehr anstrengend ist), den Einsatz eines Hochdruckreinigers oder die Bekämpfung mit einem chemischen Grünbelagentferner aus dem Fachhandel. Bei letzterem müssen Sie darauf achten, dass benachbarte Pflanzen nicht mit dem Mittel in Kontakt kommen und Reste nicht in die Beete geschwemmt werden, weil die dort wachsenden Pflanzen sonst ebenfalls eingehen. Als Naturfreund sollten Sie ohnehin eine der ersten beiden Methoden bevorzugen.

Grüne Fugen

Wo Pflaster oder Betonplatten verlegt werden, bleiben Fugen. Auch wenn sie noch so schmal sind – es stellt sich immer ein Pflänzchen ein, das darin noch Platz zum Gedeihen findet. Sie können auf die Knie gehen und dem Unkraut mit einem Fugenkratzer zu Leibe rücken oder es mit einem gasbetriebenen Unkrautvernichter abflammen. Das Abflammen hat den großen Nachteil, dass Käfer, Ameisen und andere Tiere ebenfalls verbrannt werden. Ich greife daher lieber zu Fugenbürsten mit Teleskopstiel, die das Bücken überflüssig machen und schonender sind. Egal für welche Methode Sie sich entscheiden, früher oder später kommt das Unkraut wieder. Eine dauerhafte Lösung ist die Neuverfugung der Platten oder Pflastersteine mit Fugensand-Trockenmischungen aus dem Fachhandel. Das Material ist einfach, schnell und sauber zu verarbeiten und erosionsbeständig gegen Wind, Regen und Frost. So können Sie sich jahrelang an gepflegten Einfahrten, Gartenwegen und Terrassen freuen, ohne ständig Hand anlegen zu müssen.

MATERIALIEN FÜR JEDE WITTERUNG

Bei Naturstein sollten Sie solche mit glatter Oberfläche bevorzugen. Beton-Pflastersteine bleiben meist dauerhaft rutschfest und lästige Grünbeläge lassen sich leicht entfernen. Waschbetonplatten sind zwar etwas aus der Mode, aber in Kombination mit Natur- oder Kunststeinpflaster bieten sie eine witterungsfeste, attraktive Alternative zu monotonen Betonsteinen.

KLEINE HELFER, GROSSE WIRKUNG

Herr Walter entfernt das Unkraut in den Pflasterfugen mit einem Gerät Marke Eigenbau. Er hat ein scharfkantiges Dreieck aus Edelstahl an den Stiel geschweißt.

Mit dem Rasenkantenstecher rückt Herr Walter auch Wildkräutern zu Leibe, die von den Beeten in den Weg hineinwachsen.

Bei Feuchtigkeit werden Terrassendecks oder Treppen aus Holz trittsicherer, wenn Sie verzinkten Hühnerdraht darauf befestigen.

Herzlich Willkommen: schöne Vorgärten

Vorgärten lassen sich mit geringem Aufwand einladend gestalten. Robuste Materialien und pflegeleichte Pflanzen machen das Leben leichter.

Der Vorgarten ist bekanntlich die Visitenkarte des Hauses. Er sollte nicht nur hübsch aussehen und Besucher empfangen, sondern auch all die praktischen Funktionen auf bequeme Art vereinen.

Viele Ansprüche auf wenig Raum

Der Vorgarten ist in den meisten Fällen mehr als ein nett bepflanzter Grünstreifen zwischen Haus und Gehweg. Er bildet den Übergang vom öffentlichen zum privaten Bereich und hat außerdem viele praktische Aufgaben zu erfüllen: Klingel, Gegensprechanlage, Briefkasten, Beleuchtung, Wasser- und Stromanschluss und nicht zuletzt eine Sammelstelle für die Mülltonnen finden sich in der Regel im Vorgarten bzw. Eingangsbereich. Damit wirklich alles praktisch und bequem funktioniert, sollten Sie sich ein paar Gedanken zur Optimierung der Einrichtungen machen.
Damit Sie sich sicher fühlen können, sollten Sie Ihr Grundstück einzäunen und ein verschließbares Gartentor mit in die Planung einbeziehen. So bleiben unerwünschte Besucher sowie streunende Hunde draußen.

DAUERHAFTE ZÄUNE

Gartenzäune gibt es aus vielerlei Materialien und mit unterschiedlichen Oberflächen. Am wenigsten haltbar sind Zäune aus Weichholz. Sie müssen entweder imprägniert oder in regelmäßigen Abständen gestrichen werden. Pflegeleichter und sehr langlebig sind dagegen Zäune aus Metall mit beschichteter Oberfläche. Sie sind praktisch wartungsfrei, allerdings nicht ganz billig in der Anschaffung.

Auf dem Weg zur Haustür

Der Vorgarten leitet den Besucher zum Eingang und bietet naturgemäß nur wenig Raum zur Gestaltung. Bereiten Sie den Gästen ein freundliches Willkommen, ohne auf Zweckmäßigkeit zu verzichten. Fassen Sie am besten alle Pflasterflächen und Wege zu einer einzigen Fläche zusammen. Das ist deutlich pflegeleichter als viele kleine Wege und Plätze. Zudem ist eine große Fläche sicherer, wenn Sie später mal nicht mehr so gut zu Fuß sind. Planen Sie nur wenige Pflanzbeete als Aussparungen an den Rändern ein, die Sie dann mit möglichst ganzjährig schönen, pflegeleichten Gewächsen bepflanzen. Dafür bieten sich etwa Zwerggehölze oder Buchsbaum in Kombination mit immergrünen Bodendeckern an. Je nach Saison können Sie diese Bepflanzung mit Zwiebelblühern, Sommerblumen oder herbstlicher Dekoration ergänzen. Treppen oder Stufen im Eingangsbereich müssen gut beleuchtet und mindestens 1,20 m breit sein, damit zwei Personen nebeneinander gehen können. Handläufe auf beiden Seiten der Treppe und ein Vordach als Regenschutz sollten nicht fehlen. Praktisch ist ein Abstellplatz für Einkäufe und Taschen vor dem Eingang. Das kann eine kleine Bank oder ein Stuhl sein, wo sich Besucher auch mal setzen können, wenn sie kurz warten müssen. Falls es später einmal nötig wird, können Sie trotz Stufen einen barrierefreien Zugang durch eine Rampe oder einen Treppenlift schaffen. Die Rampe kann auch mobil sein, wenn Sie sie nicht jeden Tag brauchen, zum Beispiel wenn ein häufiger Gast auf den Rollstuhl angewiesen ist. Die mobile Rampe wird nur bei Bedarf von einem Helfer an der Treppe angebracht. Auch für diesen Fall zahlt es sich aus, wenn die Eingangstreppe von Anfang an breit genug kalkuliert wurde.

Kurze Wege zum Auto

Planen Sie einen PKW-Abstellplatz vor dem Haus? Dann denken Sie daran, dass die Autos immer größer und breiter werden. Rechnen Sie mit einer Breite von 3,50 m, damit Sie die Wagentüren auf beiden Seiten bequem öffnen können. Eine Länge von 6 m erlaubt Ihnen das komfortable Rangieren ohne viel Kurbeln am Lenkrad. Ideal ist ein großzügig bemessener, überdachter Carport, der den PKW vor Regen und Schnee schützt und Ihnen das Ein- und Aussteigen bei jeder Witterung so angenehm wie möglich macht. Wenn dann noch ein breiter, möglichst direkter Weg ohne Stufen vom Stellplatz zur Haustür führt, sind Sie für alle Fälle gerüstet.

Hier verstellt nichts den Weg zur Haustür und an eine Bank zum Ausruhen wurde auch gedacht.

Briefkasten, Klingel und Co.

Ein schönes Gartentor sorgt für die nötige Abgrenzung und kann dennoch einladend wirken.

Oftmals sind es Kleinigkeiten, die das Leben angenehmer machen. Im Eingangsbereich erleichtern durchdachte Konzepte für Klingel, Briefkasten, Abfallbehälter und andere Notwendigkeiten den Alltag.

Gut beleuchtet, gut erreichbar

Eigentlich sollte es selbstverständlich sein, dass die Hausnummer, die Klingel und das Namensschild gut sichtbar an der Fassade im Eingangsbereich oder am Gartentor angebracht werden. Besonders wichtig ist eine gute Beleuchtung! So kann man Hausnummer und Klingel auch im Dunkeln erkennen. Und platzieren Sie den Briefkasten möglichst so, dass der Postbote ihn genauso gut erreichen kann wie Sie selbst.
Ganz wichtig ist eine ausreichende Beleuchtung im gesamten Eingangsbereich. Am besten kombinieren Sie mindestens eine Leuchte mit einem automatischen Bewegungsmelder. So müssen Sie nicht umständlich nach einem Lichtschalter suchen, wenn Sie abends nach Hause kommen. Der gesamte Bereich von der Straße bis zur Haustür sollte bei Dunkelheit durch möglichst blendfreie, bodennahe Leuchten erhellt sein. Eventuell vorhandene Stufen sind potenzielle Stolperfallen und sollten deshalb besonders gut ausgeleuchtet sein.

Wer steht vor der Haustür?

Ich weiß nicht, wie es Ihnen geht, aber ich sehe gern, wer bei mir vor der Türe steht, bevor ich sie öffne. Damit Sie immer den Überblick bewahren, ist ein Türspion praktisch. Wo der Einbau nicht möglich ist, können Sie einen kleinen Spiegel (eventuell an einem Stiel) an der Fassade anbringen, mit dessen Hilfe Sie von einem Fenster aus den Eingangsbereich im Blick haben. Ganz professionell sind Kameras, die den Bereich vom Gartentor zum Eingang erfassen. Lassen Sie sie am besten gleich in Kombination mit einer Gegensprechanlage von einem Fachmann installieren.

MÜLLTONNEN-TIEFGARAGE

Neben einer Vielzahl schöner und praktischer Mülltonnenboxen aus Holz, Kunststoff und Metall gibt es auch eine Luxusvariante, die hässliche Mülltonnen in Sekundenschnelle unter der Erde verschwinden lässt: Die von verschiedenen Herstellern angebotene, versenkbare Version eines Mülltonnenverstecks hat eine Fernbedienung, die Tonnen lassen sich, angepasst an die Körpergröße des Benutzers, in jeder Höhe arretieren und der Deckel öffnet sich automatisch. Bequemer, schöner – und luxuriöser – kann Wegwerfen kaum sein.

Wohin mit dem Abfall?

Ich habe den Eindruck, dass fast jedes Jahr ein neuer Abfallbehälter dazukommt: Für Papierabfälle, Wertstoffe, Altglas, Bio- und nicht zuletzt für Restmüll. Gut, wenn Sie ausreichend Platz im Vorgarten haben, um all die Tonnen, Eimer und Säcke unterzubringen. Die Tonnen einfach vors Haus zu stellen ist die simpelste Lösung – aber auch die am wenigsten ästhetische. Was macht das denn für einen Eindruck, wenn Ihre Besucher als erstes von den Mülltonnen begrüßt werden? Ganz zu schweigen von den Gerüchen, die an heißen Tagen die Nase umwehen. Es gibt viele Möglichkeiten, die Abfallbehälter zu verstecken, etwa hinter einer Hecke, in einer Ecke des Carports oder in einem der vielen im Handel speziell dafür erhältlichen Boxen. Sie sollten die Behälter nicht so weit vom Bordstein entfernt verstauen. Volle Mülltonnen sind schwer, Sie werden sich über jeden Meter freuen, den Sie die Tonnen am Tag der Leerung nicht schleppen oder ziehen müssen!

Mit Wasser und Strom geht es leichter

Nicht jeder braucht einen Stromanschluss im Vorgarten. Es macht das Leben aber einfacher, wenn Sie etwa die elektrische Heckenschere oder den Elektromäher benutzen möchten und kein langes Kabel aus dem Haus herausführen müssen.
Ein Wasseranschluss im Vorgarten ist ebenfalls praktisch, um Gießwasser zu zapfen, die Einfahrt abzuspritzen oder den Hund nach einem herbstlichen Spaziergang bei Schmuddelwetter kurz abzuduschen, bevor er ins Haus darf. Ein Ablaufrost verhindert, dass Ihr Vorgarten dabei überschwemmt wird.

Große Klappe: Handelsübliche Briefkästen sind prima, wenn man „normale" Post bekommt. Ich erhalte jedoch oft dicke Manuskripte, Zeitschriften und auch Büchersendungen. Die passen nicht durch konventionelle Briefkastenschlitze und wurden früher oft geknickt oder einfach neben dem Briefkasten abgestellt. Nach einigem Ärger über geknickte, aufgerissene oder im Regen aufgeweichte Sendungen habe ich mir von einem Schreiner eine geräumige Holzbox von etwa 50 × 50 × 15 cm bauen lassen. Die große Klappe auf der Oberseite lässt sich dank Scharnieren leicht öffnen und schluckt sogar dicke Buchsendungen mühelos.

Diese Mülltonnenbox aus Holz ist praktisch und schön. Schwingtüren verdecken die Tonnen.

Traumhaft schöne Beete anlegen

Links: Gärtnern im Quadrat ist sowohl im Nutz- als auch im Ziergarten möglich.

Rechts: Eine ausgesparte Stelle im Plattenweg ergibt ein ungewöhnliches Minibeet.

Ganz gleich, ob es sich um Beete im Nutzgarten handelt oder um Rabatten mit blühenden Stauden und Sommerblumen: Die Pflege der Beete wird einfacher, wenn sie ohne Mühe erreichbar und nicht zu breit angelegt werden.

Schmale Beete

Damit Beete pflegeleicht sind, müssen sie möglichst von allen Seiten gut erreichbar sein. Außerdem dürfen sie nicht zu breit ausfallen, damit Sie sich nicht recken und strecken müssen, wenn Sie Unkraut jäten, Verblühtes zurückschneiden oder andere Pflegearbeiten durchführen wollen. Normale, rechteckig angelegte Beete im Nutzgarten, die von beiden Seiten begärtnert werden, sollten nicht breiter als zwei Armlängen sein. In der Regel entspricht das einer Breite von etwa 1 bis 1,20 m. Wenn das Beet nur von einer Seite zugänglich ist, sollte es nicht breiter als 60 cm sein.

Trittsteine und unsichtbare Wege

Für den Ziergarten gilt bezüglich der Beetbreite dasselbe. Allerdings können Rabatten hier auch breiter ausfallen, wenn Sie einzelne Trittsteine im Beet verlegen. Die ermöglichen es Ihnen, etwa zur Rosenpflege oder wenn Sie Ihre Nase in eine duftende Blüte stecken möchten, das Beet sicher zu betreten – vorausgesetzt der Trittstein ist vom Beetrand her gut mit nur einem Schritt zu erreichen. Vermeiden Sie dabei aber, dass Sie zum Erreichen des Trittsteins über höhere Pflanzen hinwegsteigen müssen – das wäre eine Stolperfalle.
Bei Rabatten, die vor einer Hecke liegen, haben sich Pflegewege auf beiden Seiten der Hecke bewährt. So kommen Sie problemlos zum Schneiden an die

Hecke und auch die Rabatte lässt sich fürs Pflegen und Genießen von beiden Seiten gut erreichen. Mit einer geschickten Höhenstaffelung der Rabattenpflanzen – die niedrigen vorn, die höheren hinten – fällt ein schmaler Pflegeweg zwischen Rabatte und Hecke kaum auf.

Neue Beetformen

Es müssen nicht immer die üblichen langen, rechteckigen Beete sein. Andere Beetformen, etwa runde oder ovale Inselbeete, lassen sich ebenfalls gut pflegen, wenn Sie im Durchmesser nicht zu groß bemessen sind. Vermeiden Sie aber zu viele einzelne, kleine Beete im Rasen. Das sieht nicht nur albern und unordentlich aus, sondern erschwert das Mähen der Rasenfläche unnötig. Eine rückenschonende Alternative zu konventionellen Beeten sind Terrassenbeete an einem Hang oder speziell errichtete Hochbeete (siehe die folgenden Seiten). Auch diese Beete sollten nur so breit geplant werden, dass Sie die gesamte Beetfläche problemlos mit ausgestrecktem Arm erreichen können.

Gärtnern im Quadrat

Eine Zwischenform zwischen konventionellen Beeten und Hochbeeten stellen quadratische Beete in Form niedriger Rahmen aus Holz dar. Solche Rahmen können Sie ganz einfach aus vier Holzbrettern zusammenschrauben. Auf den Boden gelegt und mit gutem Substrat gefüllt sind sie bequem zu erreichen. Sie müssen sich zum Säen, Pflanzen, Pflegen und Ernten nicht so tief bücken. Insbesondere bei schlechten, steinigen oder unfruchtbaren Böden stellt das Gärtnern im Quadrat eine gute Alternative zur aufwendigen Bodenverbesserung dar. Sie füllen einfach fruchtbare Pflanzerde in die Rahmen und können nach Herzenslust drauflos gärtnern, ganz ohne Umgraben oder tiefgründiges Lockern!
Gärtnern im Quadrat hat seinen Namen daher, dass das Beet meist noch in einzelne Quadrate von etwa 30 cm Länge unterteilt wird. Mit Schnüren oder schmalen Latten wird also ein Raster auf das Beet „gezeichnet". Jedes Quadrat kann mit einer anderen Gemüseart bepflanzt werden. So erhält man eine große Vielfalt an verschiedenen Gemüsen auf sehr kleinem Raum. Immer wenn ein Quadrat abgeernet ist, wird sofort etwas Neues hineingepflanzt oder -gesät. Bei diesem ständigen Wechselspiel hilft das Raster, nicht den Überblick zu verlieren. Aber auch ohne das Raster können Sie diese Beete im Rahmen einmal ausprobieren!

PFLANZQUADRATE SELBER BAUEN

Verwenden Sie möglichst unbehandeltes Holz. Sie brauchen pro Beet jeweils vier Bretter mit den Maßen 100 × 20 × 2 cm, vier Konstruktionshölzer mit den Maßen 20 × 4 × 4 cm, sowie 16 verzinkte, rostfreie Schrauben. Die Bretter verschrauben Sie mit den Konstruktionshölzern (innen an den Ecken platziert, so wie auch auf dem Foto Seite 81 zu sehen) zu einem Rahmen. Legen Sie ihn nur auf den Boden, er muss nicht extra im Untergrund fixiert werden. Zum Füllen eignet sich Pflanzerde oder eine Mischung aus Gartenerde und reifem Kompost. Wenn die Holzkonstruktion nach einigen Jahren morsch wird, können Sie sie ganz einfach erneuern.

Quadrate in der Blumenwiese: Ein Bekannter von mir hat ein altes Bauernhaus mit einem großen, naturnah belassenen Garten. Er liebt es, wenn in lauen Sommernächten die Glühwürmchen über der Wiese tanzen. Dennoch möchte er Salat, Kräuter und ein paar leckere Gemüsesorten ziehen. Um beides unter einen Hut zu bringen, hat er einige quadratische Holzrahmen gebaut und mit Erde gefüllt. Sie befinden sich mitten in der Wiese entlang eines Weges, den er mit dem Mäher kurz hält. So kann er die Pflanzquadrate gut erreichen. Das ist nicht nur praktisch, sondern sieht sogar richtig gut aus!

Ein Hoch auf das Hochbeet

Haben Sie sich schon öfter rückenfreundliches Gärtnern ohne Bücken und Hocken gewünscht? Dann ist ein Hochbeet vielleicht genau das Richtige für Sie. Die Konstruktion ist einfacher, als Sie glauben, und hält viele Jahre lang.

Für mehr Bequemlichkeit

Als Hochbeete bezeichnet man große, fest stehende Pflanzkästen aus Holz, Stein, Kunststoff oder Metall. Sie erleichtern die Arbeit, machen das Bücken unnötig und sind auch im Sitzen sowie vom Rollstuhl aus bequem zu begärtnern. Wegen des großen Volumens bieten sie bessere Wachstumsbedingungen als Töpfe und Kübel, bleiben länger fruchtbar und müssen auch seltener gewässert werden, weil sie die Feuchtigkeit länger speichern. Sie können Hochbeete selbst konstruieren (siehe Bauanleitung auf Seite 81) oder als Bausatz im Fach- oder im Versandhandel (auch über das Internet) kaufen.

Hochbeete in vielerlei Form

Hochbeete können frei stehend errichtet werden, sodass sie von allen Seiten gut erreichbar sind. Das ist die einfachste und bequemste Form. Wenn Sie rund um das Hochbeet Kies oder Rindenmulch verteilen oder Trittplatten verlegen, können Sie das Beet bei jedem Wetter gefahrlos und mit halbwegs sauberen Schuhen erreichen.
Bei Hanggrundstücken bietet es sich an, Hochbeete treppenartig zur Gliederung des Geländes anzulegen. Planen Sie die Arbeitswege zwischen den einzelnen Beetstufen ausreichend breit, mindestens 80 cm, damit Sie sie auch mit der Schubkarre entlangfahren können. Solche Treppenbeete zur Stützung des Hangs müssen wegen der statischen Besonderheit immer von einer Fachfirma angelegt werden, damit nichts ins Rutschen kommt.
Hochbeete können Sie auch an der Sonnenseite von Garage oder Hauswand anlehnen. Mit einem Aufsatz aus Glasfenstern lässt sich diese Art Hochbeet auch in ein kleines Anlehngewächshaus für die Anzucht von Sämlingen im Frühjahr verwandeln. Denken Sie bei Anlehn-Hochbeeten an eine entsprechende Isolierung der Hauswände gegen Feuchtigkeit (etwa eine Polystyrolplatte zwischen Beet und Hauswand) sowie eine Dränage gegen Sickerwasser und stauende Nässe im Bodenbereich.

Gute Erde für reichen Erntesegen

Sie können das Hochbeet nach dem Hügelbeet-Prinzip füllen. Dabei handelt es sich um eine Schichtung aus verschiedenen organischen Materialien, die ein äußerst fruchtbares Pflanzmilieu ergibt. Durch den Verrottungsprozess im Inneren des Beetes wird Wärme freigesetzt, die vor allem im Frühjahr für ein rasches Wachstum der Pflanzen sorgt.

Hochbeet mal ganz anders: Mit Steinen und Bauschutt befüllte Gabionen ersetzen die häufig verwendete Bretterkonstruktion.

Die Befüllung sackt aber beim Verrotten mit der Zeit zusammen und muss wieder aufgefüllt und nach einiger Zeit komplett ausgetauscht werden. Wenn Sie sich diese Mühe ersparen möchten, dann füllen Sie das Hochbeet zuunterst mit einer 50 cm hohen Lage Kies und dann mit normaler Garten- oder Pflanzerde. Die oberste, etwa 30 cm dicke Schicht sollte aus gutem Mutterboden oder einer Mischung aus Sand und reifem, unkrautfreiem Kompost bestehen. Dieses Material sackt nicht so stark zusammen. Wenn die Fruchtbarkeit nachlässt, müssen Sie nur die oberste Erdschicht austauschen.

Nachbarn und Nachmieter im Hochbeet: Ein Hochbeet ist zum Ausprobieren der Prinzipien von Mischkultur und Fruchtfolge ideal. Bei der Mischkultur fördern sich spezielle Pflanzenkombinationen gegenseitig im Wachstum. Die Walters haben mit Kopfsalat und Radieschen gute Erfahrungen gemacht. Auch Tomaten und Kopfsalat sind gute Nachbarn.

Im Sinne der Fruchtfolge pflanzt Wolfgang Walter im ersten Jahr vor allem Starkzehrer wie Tomaten, Gurken und Kohlarten. In den folgenden Jahren nimmt die Fruchtbarkeit des Beetes langsam ab. Deshalb pflanzt er im zweiten Jahr Mittelzehrer wie Salat, Zwiebeln, Radieschen und Paprika und im dritten Schwachzehrer wie Bohnen, Erbsen und Kräuter.

DIE FÜLLUNG DES HOCHBEETS

So funktioniert das sogenannte Hügelbeet-Prinzip. Jede Schicht ist etwa 25 cm stark.

- Zuunterst kommt grober Gehölzschnitt. Treten Sie ihn gut fest!
- Darüber kommen Grassoden, Staudenabschnitte oder feiner, gehäckselter Gehölzschnitt
- Die dritte Schicht besteht aus halbreifem Kompost oder halb verrottetem Stallmist, am besten Pferdemist.
- Ganz oben folgt die ausgehobene Erde der Hochbeetgrube oder normale Gartenerde.

Ein Hochbeet selber bauen

Ein frisch geschichtetes Hochbeet steckt voller Nährstoffe. Auf relativ kleiner Fläche kann Wolfgang Walter auf diese Weise außergewöhnlich viel ernten.

Für ein Hochbeet eignen sich vor allem dauerhafte Hölzer wie Lärche, Eiche und Douglasie. Wenn Ihnen diese Materialien zu teuer sind, können Sie auf kesseldruckimprägniertes Tannen- oder Fichtenholz ausweichen. Sie werden in Büchern und im Internet verschiedene Bauanleitungen finden, die im Detail jeweils etwas variieren. Die nachfolgende Bauanleitung ist eine Anregung. Vielleicht haben Sie auch schon eine eigene Idee für Ihr Hochbeet oder ein handwerklich begabter Bekannter nimmt sich der Sache an.
Legen Sie zuerst die Größe des Hochbeetes fest und wo es stehen soll. Eine Nord-Süd-Ausrichtung nutzt das Sonnenlicht optimal aus. Damit Sie das Hochbeet einfach bearbeiten können, sollte es nicht breiter als zwei Armlängen sein. Bei nur einseitig erreichbaren Beeten, zum Beispiel Anlehn-Hochbeeten (siehe vorherige Seite), ist eine maximale Breite von 60 cm empfehlenswert.

Hier erkennt man die Eckverbindung deutlich: Die Bretter der Seitenwände sind durch ein Vierkant-Konstruktionsholz miteinander verbunden.

Die Grundfläche ausheben

Stecken Sie den Umriss etwas größer als der Umfang des Hochbeetes mit einer gespannten Schnur ab. Heben Sie dann den Boden etwa 30 cm tief aus und lagern Sie die ausgehobene Erde in der Nähe. Sie wird später zum Füllen des Hochbeetes verwendet.

Die Seitenwände bauen

Schrauben Sie die Bretter auf die Kanthölzer, sodass ein rechteckiger Rahmen entsteht. Die Kanthölzer müssen mit der angespitzten Seite 10 cm über die untersten Bretter herausragen. Anschließend heben Sie den verschraubten Rahmen mit den herausragenden Kanthölzern voran in die zuvor ausgehobene Grube. Drücken Sie die Spitzen der Kanthölzer 10 cm tief in die Erde, so kann das Hochbeet beim Befüllen nicht verrutschen. Der Rahmen des Hochbeetes ragt jetzt 70 cm über den Erdboden hinaus.

Das Hochbeet schützen und füllen

Gegen hungrige Wühlmäuse legen Sie ein engmaschiges Drahtgeflecht auf dem Boden des Hochbeetes aus. Biegen Sie die überstehenden Ränder an den Seiten hoch und befestigen Sie den Draht mit den Metallhaken an den Brettern. Die Innenwände des Hochbeetes verkleiden Sie anschließend mit der Teichfolie, die Sie mit Nägeln oder einem Tacker an den Brettern befestigen. Das schützt das Holz vor Verwitterung. Der Boden des Hochbeetes darf nicht mit Teichfolie isoliert werden, weil sonst das Regenwasser nicht versickern kann. Zu guter Letzt können Sie das Hochbeet nach dem Hügelbeet-Prinzip füllen (siehe Seite 79) und bepflanzen.

DAS BRAUCHEN SIE

Das fertige Hochbeet misst 1,50 × 1 m und ist 70 cm hoch. Lassen Sie sich die Bretter gleich im Baumarkt passend zusägen.

- 5 Bretter, jeweils 150 × 20 × 2 cm
- 5 Bretter, jeweils 100 × 20 × 2 cm
- 4 an einem Ende angespitzte Kanthölzer, jeweils 7 × 7 × 110 cm
- 80 verzinkte, rostfreie Schrauben (8 × 4)
- Verzinktes, engmaschiges Drahtgitter, 120 × 170 cm
- Etwa 50 verzinkte Metallhaken zum Befestigen des Drahtes am Holz
- Teichfolie: jeweils 2 Stücke à 170 × 100 cm und à 100 × 100 cm
- Etwa 50 verzinkte Nägel oder ein Tacker zum Befestigen der Teichfolie am Holz
- Akkuschrauber, Hammer

Ganz schön schräg: Hanglagen meistern

Hanglagen lassen sich auf vielfältige Weise gestalten. Dieser terrassierte Hanggarten zählt zweifellos zur Königsklasse.

Böschungen und Gärten in Hanglagen stellen generell, egal in welchem Alter, eine Hürde und eine potenzielle Gefahrenquelle dar. Mit ein paar einfachen Tricks können Sie Hanglagen pflegeleicht, seniorengerecht und barrierefrei gestalten.

Garten mit Aussicht

Die schönsten Bau- und Gartengrundstücke liegen oft am Hang und bieten meist einen herrlichen Blick. Solange Sie mobil und sicher auf den Beinen sind, können Sie das unbeschwert genießen. Mit den Jahren kann es aber anstrengend werden, auf abschüssigem Gelände den Rasen zu mähen, Sack- und Schubkarren zu schieben oder einfach nur gefahrlos durch den Garten zu spazieren. Insbesondere bei nasser Witterung werden Rasenflächen in Hanglagen rutschig. Auch die Pflege von abschüssigen Beeten wird mit zunehmendem Alter beschwerlicher und mitunter sogar gefährlich, denn im Alter lassen der Gleichgewichtssinn und auch die Trittsicherheit nach.
Auch wenn Sie sich heute jung und agil fühlen, sollten Sie daran denken, dass sich das irgendwann ändern kann. Außerdem sind Sie ja nicht allein im Garten. Vielleicht haben Sie öfter betagte Gäste oder Verwandte zu Besuch, die nicht mehr ganz sicher auf den Beinen sind. Deshalb lohnt es sich, die

barrierefreie Überwindung von Höhenunterschieden bei der Gartenplanung von Anfang an mit einzubeziehen. So sparen Sie sich später aufwendige Umgestaltungen und sind auf alle Eventualitäten eingerichtet.

Auf Stufen und Rampen unterwegs

Die einfachste Lösung, um abschüssige Wege sicherer zu machen, ist der Einbau von Stufen. Diese sollten nicht zu steil und zu schmal konzipiert werden. Planen Sie bei längeren Treppen immer auch breite Absätze zum Pausieren ein. Stufen haben jedoch den Nachteil, dass sie mit Gehhilfen oder dem Rollstuhl nicht befahrbar sind. Wenn das Gelände es zulässt, können Sie deshalb die Stufen durch Rampen ersetzen – das überlassen Sie aber am besten dem Fachmann. Dann haben Sie die Gewähr, dass die Anlage dauerhaft sicher und stabil ist.
Um ein bis zwei Stufen im Garten zum Transport von Rasenmäher, Schubkarren oder auch Gehhilfen überbrücken zu können, eignen sich mobile Rampen aus Riffelblech, die Sie von einem Schlosser anfertigen lassen können. Sie werden im Bedarfsfall auf die Stufen gelegt und sollten als Sturzsicherung einen fest installierten Handlauf besitzen. Für Gartentreppen mit mehreren Stufen können Sie einen Treppenlift installieren lassen. Eher bekannt aus den Innenbereich, gibt es solche Modelle inzwischen auch für draußen.

BAUGENEHMIGUNG EINHOLEN

Beim Ausbau von terrassierten Hängen mit Aufschüttungen von mehr als 60 cm Höhe müssen Sie vor Beginn der Arbeiten eine Genehmigung des örtlichen Bauamts einholen. Da Sie wahrscheinlich sowieso eine Fachfirma mit den Arbeiten beauftragen, kann sich diese um die nötigen Schritte kümmern. Sprechen Sie auch mit Ihren Nachbarn über anstehende Bauarbeiten an der Grundstücksgrenze. So gibt es später keinen Ärger.

Treppenbeete

Hanglagen und Böschungen können durch Stützmauern und Treppen so terrassiert werden, dass gut nutzbare Treppenbeete entstehen. Diese eignen sich bestens, um besondere Pflanzen wirkungsvoll in Szene zu setzen. Sie können wie Hochbeete genutzt werden, sodass Sie sich beim Pflanzen und Unkrautzupfen nicht zu bücken brauchen. Sie können die Nase in duftende Blüten oder Kräuter stecken, ohne dafür in die Knie gehen zu müssen.
Treppenbeete sollten ausreichend breit sein, damit es ein richtige Beet und kein kahler Streifen wird, auf dem nichts wachsen will. Gleichzeitig dürfen sie nicht zu breit ausfallen, damit Sie sich bei der Pflege nicht übermäßig strecken müssen. Die Breite einer Armlänge, etwa 60 cm, ist das ideale Maß.

Rampen oder Stufen? Ein befreundetes Ehepaar bat mich vor einigen Jahren, ihren Garten umzuplanen. Dabei war einer der Gedanken, die abschüssige Fläche im hinteren Gartenbereich seniorengerecht zu gestalten, weil die hoch betagte Mutter einer der beiden in Kürze mit ins Haus ziehen sollte. Stufen mussten daher möglichst vermieden werden. Aber das Gelände war zu abschüssig, um eine Rampe anzulegen, ohne dass diese zu einer Rutschbahn geworden wäre. Also haben wir uns doch für Stufen entschieden – allerdings so tiefe und flache, dass die jüngeren Hausbewohner die alte Dame notfalls auch im Rollstuhl über die niedrigen Stufen ziehen können.

Teiche und Brunnen – Wasser im Garten

Links: Seerosen sind die Königinnen im Gartenteich. Damit sie gedeihen, brauchen sie eine der jeweiligen Art entsprechende Wassertiefe.

Rechts: Optisch fällt die Baustahlmatte, die als Kindersicherung über den Teich gelegt wurde, kaum auf.

Wasser ist im Garten nicht allein zum Gießen da. Es ist auch ein bereicherndes Gestaltungselement, das eine sinnliche Qualität besitzt und sogar die Gesundheit unterstützen kann.

Für ganz viel Wohlbefinden

Gartenteiche, Wasserbecken, plätschernde Brunnen und künstlich angelegte Wasserläufe machen den Garten interessanter. Es muss gar kein großer Teich sein. Ein halbiertes Fass mit ein paar Wasserpflanzen darin ist schon ein hübsches kleines Extra, das für mehr Vielfalt und Abwechslung im Garten sorgt. Anregend sind auch Wandbrunnen, Sprudelsteine oder Wasserspiele in kleinen Becken, die mithilfe einer Pumpe funktionieren. Das leise Plätschern ist eine angenehme, entspannende Geräuschkulisse und obendrein erfrischen solche Wasserspiele die Luft an heißen Tagen.

Im Sommer bieten eine Außendusche, ein Tauchbecken und selbst schon kleine Wasserbecken eine willkommene Erfrischung. Anwendungen mit kaltem Wasser, wie sie schon Pfarrer Sebastian Kneipp empfahl, halten den Kreislauf in Schwung, wirken erfrischend und vitalisierend. Ich habe ein großes Fass zum Auffangen des Regenwassers am Gartenhaus aufgestellt. Hauptsächlich verwende ich das Wasser zum Gießen, aber an heißen Tagen genieße ich es, die Unterarme in das kühle Nass zu tauchen. Wenn Sie ein knietiefes Becken in ausreichender Größe im Garten haben, können Sie darin im „Storchengang" kneippen: Der Wechsel zwischen warmer Luft und kaltem Wasser fördert die Durchblutung der Beinvenen. Schon nach wenigen Minuten fühlen Sie sich erfrischt. Ein Handlauf an der Seite des Beckens sorgt für

sicheren Halt. Das Becken sollte sich an einem schattigen Ort befinden, damit es sich nicht in der Sonne aufheizt. Wenn es einen Zulauf aus der Wasserleitung und einen Ablauf hat, mit dessen Hilfe es sich leicht entleeren lässt, können Sie bei Bedarf abgestandenes Wasser ab- und frisches, kaltes Leitungswasser zulaufen lassen.

Erfrischende Gartendusche

Im Handel gibt es für wenig Geld praktische Gartenduschen, die einfach mit einem Spieß in die Erde gesteckt und an den Gartenschlauch angeschlossen werden können. Sie brauchen keine fest installierte Zuleitung, kein Becken und auch keine Vorrichtung zum Auffangen des Wassers. Es versickert einfach im Rasen oder Kies. Ein einfaches Holzgitter als „Fußboden" macht die Sache komfortabler und verhindert, dass Sie auf nassem Rasen ausrutschen. Ich nutze meine Gartendusche an heißen Sommertagen gern – wahrscheinlich sehr zur Erheiterung meiner Nachbarn. Oder sind sie etwa nur neidisch auf meine kleine Wellness-Oase? Jedenfalls ist es herrlich erfrischend, sich einige Sekunden, ganz ohne Seife und Duschgel, einfach mal kurz abzubrausen. Richtig sauber wird man davon nicht, aber dafür gibt es ja das Badezimmer im Haus.

Sicherheitstipps

Wasserbecken und Gartenteiche können ein Sicherheitsrisiko für Kinder und Tiere sein. Sie sollten von einem Deckel oder einer Einzäunung gesichert werden. Bei nicht abgedeckten Teichen und Becken empfehle ich, ein schmales Brett oder eine Stange schräg ins Wasser zu stellen, damit versehentlich hineingefallene Tiere, etwa eine neugierige Katze oder Insekten nach einer „Notlandung" auf dem Wasser, daran ans rettende Ufer klettern können. Mit einer geschlossenen Einzäunung verhindern Sie, dass Kinder verunglücken und sind auch juristisch auf der sicheren Seite.

TEICH MIT KINDERSICHERUNG

Wasser übt auf Kinder eine magische Anziehungskraft aus. Sie können Ihr kleines Teichbiotop mit einer Baustahlmatte sichern. Die knapp unterhalb der Wasseroberfläche verlaufende Matte kann im Notfall verhindern, dass ein Kind ertrinkt. Optisch ist es kaum eine Beeinträchtigung. 100 %ige Sicherheit gibt die Matte jedoch nicht, Sie sollten Kinder also nie an Teichen und Wasserbecken allein spielen lassen.

Eine Gartendusche kann an heißen Sommertagen für eine erfrischende Abkühlung sorgen. Hier ein Modell der etwas gehobenen Preisklasse.

Alles kann, nichts muss

Gehölzschnitt in luftiger Höhe ist nicht jedermanns Sache. Zum Glück gibt es dafür schwindelfreie Profis.

Bei allen Veränderungsvorhaben und alltäglichen Verrichtungen im Garten stelle ich mir immer wieder die Frage: Welche von den genannten Projekten kann ich selbst bewältigen, wo brauche ich Hilfe von Freunden und Nachbarn, und wo müssen Profis ran?

WO FINDE ICH HILFE?

Für schwere Gartenarbeiten können Sie professionelle Hilfe in Anspruch nehmen. Wenn es sich um größere Projekte wie das Terrassieren von Hanglagen, Pflasterarbeiten, die Anlage einer Rasenfläche oder den Bau eines Teichs handelt, ist eine Gartenbaufirma der richtige Partner. Adressen finden Sie im Branchenbuch, im Anzeigenteil Ihrer Regionalzeitung oder im Internet. Fragen Sie auch in Gärtnereien, oft arbeiten diese schon länger mit Firmen zusammen und können jemanden empfehlen.

Lernen Sie zu delegieren

Im Laufe eines Gärtnerlebens lernt man, so manche Arbeiten selbst auszuführen. Graben, Hacken, Umpflanzen, das Schneiden der Gehölze und andere Aufgaben gehen leicht von der Hand, wenn man jung, voller Tatendrang und beweglich ist. Solange die Gesundheit mitspielt und die Kräfte ausreichen, können Sie die meisten Pflegearbeiten auch im fortgeschrittenen Alter selbst bewältigen. Manche Arbeiten werden aber zu anstrengend oder sogar gefährlich, wenn Kraft und Beweglichkeit nachlassen. Nicht jeder fühlt sich im Alter noch sicher auf einer Leiter. Auch der Umgang mit schwerem Gerät, etwa Motorsägen, Benzinmähern oder elektrischen Heckenscheren, macht im Alter Mühe und kann bei einem Bedienungsfehler ernsthafte Konsequenzen haben. Und ein Sturz mit der Schubkarre in den Händen oder auf unsicherem Terrain sind mögliche Gefahrenquellen, denn die Knochen werden mit zunehmendem Alter anfälliger für Brüche, die dann auch schwerer heilen. Sie sollten Ihre Kräfte und Fähigkeiten daher realistisch einschätzen. Wenn Sie sich einer Aufgabe nicht hundertprozentig gewachsen fühlen, holen Sie sich besser Hilfe. Mit einem Sturz von einer Leiter, einem ausgerenkten Rückenwirbel, einer gequetschten Hand oder einer Schnittwunde ist nicht zu spaßen! Letztendlich kann eine solche Verletzung lästiger sein, als jemanden einmal für die Arbeit zu bezahlen. Delegieren Sie Aufgaben ohne falsche Scham, wenn Sie ein ungutes Gefühl haben!

Kosten und Nutzen

Ein entscheidender Faktor bei größeren Veränderungen im Garten ist die Zeit. Sollen bestimmte Projekte rasch ausgeführt werden, ist es immer ratsam, eine Fachfirma mit den Arbeiten zu beauftragen. Nichts ist ärgerlicher, als eine ewige Baustelle im Garten, die wie eine dunkle Wolke über Ihnen schwebt und nie zum Ende kommt. Bei weniger drängenden Vorhaben können Sie abwägen, ob Sie sich die Arbeiten in kleine Einzelschritte aufteilen. Die können Sie nach und nach abarbeiten oder sich stundenweise für die schwersten Arbeiten Unterstützung holen. Bei Pflasterarbeiten, dem Bau von Treppen und der Anlage von Wegen sowie Baumfällarbeiten hat die Sicherheit Vorrang. Deshalb empfehle ich für derartige Projekte, immer eine Fachfirma zu engagieren. Das gleiche gilt für Installationen wie elektrischer Gartenbeleuchtung, Wasserleitungen und andere sicherheitsrelevante Vorhaben. Hier birgt ein unprofessionelles Basteln große Risiken, die man als Laie kaum einschätzen kann. Aus eigener Erfahrung weiß ich, dass ein Nachbessern von selbst angerichtetem Pfusch meistens teurer wird, als die Arbeit gleich von einem Fachmann erledigen zu lassen. Der weiß, was er tut und ist außerdem viel schneller – das spart Ihnen Zeit, Nerven und schont den Rücken!

Baumgreise: In meinem Garten stehen zwei stattliche, alte Birken. Ich liebe die beiden „alten Tanten“, wie ich sie nenne. Aber langsam kommen sie in die Jahre. Irgendwann in nächster Zukunft muss ich sie entweder kappen oder ganz beseitigen lassen, damit sie nicht bei einem Sturm auf das Gartenhaus krachen. Dass ich die Arbeiten nicht selbst bewältigen kann, ist mir heute schon klar. Deshalb habe ich ein wachsames Auge auf den Zustand der Baumgreise und immer etwas Geld auf dem Konto, damit ich im Falle eines (Baum-)Falles eine Fachfirma beauftragen kann.

Wolfgang Walter steht bei der Arbeit mit der Heckenschere am liebsten mit beiden Beinen auf der Erde.

Pflanzenschätze

Es gibt so viele schöne Pflanzen, dass die Auswahl schwer fällt. Aber kaufen Sie nicht einfach drauflos. Wenn Sie sich zuvor ein paar Gedanken machen, werden Sie lange glücklich mit Ihren neuen Freunden aus Floras Reich sein.

Gärtnern macht doppelt so viel Spaß, wenn die Pflanzen gesund sind und ohne aufwendige Pflege prächtig gedeihen. Damit das auch klappt, sollten Sie die Bedürfnisse der Pflanzen kennen. Das beginnt schon mit der richtigen Auswahl der Gewächse. Was in meinem Garten gut gedeiht, habe ich persönlich erst lernen müssen. Im Laufe der Jahre habe ich ein kleines Vermögen in der Erde verbuddelt – viel Lehrgeld! Letztendlich habe ich mich von manchen Vorlieben schweren Herzens verabschiedet, weil ich den Pflanzen nicht die optimalen Standortbedingungen bieten konnte. Ein Teil meines Gartens liegt fast den ganzen Tag im Schatten von Nachbargebäuden; andere Stellen eignen sich nur bedingt für Beete, weil der Boden mit Baumwurzeln durchzogen ist; und wieder andere Stellen sind in den Sommermonaten einfach zu trocken.
Inzwischen habe ich gelernt, dass das Pflanzen mit Köpfchen – also jedes Gewächs dort, wo es die passenden Lebensbedingungen hat – sinnvoller ist, als alles nach rein optischen Kriterien im Garten zu verteilen. Nur am richtigen Standort wachsen die Pflanzen ohne viel Pflege zu gesunden, schönen Exemplaren heran. Gute Erfahrungen habe ich auch mit einigen robusten Arten gemacht, die ich Ihnen in diesem Kapitel vorstellen möchte. Sie sind viel pflegeleichter als sensible Pflanzenschätze und nehmen auch den einen oder anderen Pflegefehler weniger übel. Das ist besonders dann wichtig, wenn ich den Pflanzen mal nicht so viel Aufmerksamkeit schenken kann, etwa wenn ich in Urlaub, krank oder anderweitig verhindert bin. Außerdem achte ich bei der Pflanzenauswahl darauf, dass ich möglichst alle Pflegearbeiten selbst übernehmen kann. Mein Garten sieht zwar nicht immer perfekt aus, aber ich habe ihn mit den Jahren ziemlich genau an meine Wünsche und Fähigkeiten angepasst. So bleibt mir neben allen notwendigen Arbeiten immer noch genug Zeit und Muße, mein ganz persönliches Gartenparadies zu genießen!

Bäume und Sträucher geben dem Garten ein Gesicht

Zwei alte Birken dominieren meinen Garten. Dazwischen habe ich kleinere Gehölze gesetzt, um verschiedene Gartenräume zu schaffen.

Bäume und Sträucher bilden das Rückgrat eines Gartens und geben ihm Struktur. Sie setzen Akzente, bilden einen Wind- und Sonnenschutz und können nicht so schöne Gebäude kaschieren. Ein Garten ohne Gehölze ist kaum vorstellbar.

Welches Gehölz soll es sein?

Mit Gehölzen können Sie Atmosphäre zaubern. Je nach Wuchsform, Größe und anderen Eigenschaften geben Sie Ihrem Garten mit Bäumen und Sträuchern ein individuelles Aussehen. Kombinieren Sie einheimische und exotische, laubabwerfende und immergrüne Gehölze, um den Garten abwechslungsreich und ganzjährig attraktiv zu machen.
Wählen Sie Gehölze stets nach mehreren Kriterien aus. Machen Sie sich Gedanken über die Wuchsform, die Höhe und Breite im ausgewachsenen Zustand, die Form und Farbe des Laubes. Auch die Herbstfärbung spielt eine wichtige Rolle! Und natürlich sind Blüten und Früchte ein weiteres Auswahlkriterium. Nicht zuletzt entscheiden die Standort- und Pflegeansprüche der Gewächse, ob sie sich in ihrem Garten zu Hause fühlen werden. Achten Sie vor allem auf die Pflegeleichtigkeit. Langsam wachsende beziehungsweise klein bleibende Sorten und solche, die kaum oder gar keine Schnittmaßnahmen brauchen, sind besonders zu empfehlen. Dann müssen Sie später nicht auf Leitern steigen oder allzu oft mit Säge und Schere hantieren.

Der rechte Platz

Weil Bäume und Sträucher über viele Jahre an ihrem Standort bleiben, ist es besonders wichtig, diesen mit Bedacht auszuwählen. Licht und Bodenverhältnisse sollten also den Ansprüchen des Baums oder Strauchs entsprechen. Was das Gehölz, mit dem Sie liebäugeln, braucht, steht auf dem Etikett und weiß der Gärtner oder Verkäufer in der Baumschule. Denken Sie auch daran, dass die Gehölze noch wachsen und dann Wege, Sitzplätze oder andere Pflanzen bedrängen könnten. Auch hier ist die Baumschule ihr erster Ansprechpartner.

Ein Hausbaum

Ein Hausbaum kündet schon von Weitem, wo man daheim ist. Er ist ein Freund fürs Leben, gibt dem Haus und dem eigenen Sein ein Maß und soll angeblich böse Geister fern halten. Früher pflanzte man Hausbäume für Generationen. Heute darf es auch die „Instant“-Variante sein. Baumschulen bieten nicht nur junge Gehölze an, sondern auch solche, die bereits eine gewisse Würde und Ausstrahlung haben. Wenn Sie nicht Jahrzehnte darauf warten möchten, dass der Baum endlich richtig wirkt, ist die Investition in ein teureres, weil älteres Exemplar durchaus lohnend. Gute Baumschulen geben übrigens für solche Fälle eine Anwachsgarantie!
Es muss aber nicht immer ein Hausbaum sein. Auch einzeln gesetzte Sträucher bilden einen schönen Blickfang und machen meist wenig Arbeit. Wählen Sie möglichst eine Art mit hübschen, duftenden Blüten und einem anmutigen Wuchs. Hinter einer Gartenbank oder einer Sitzgruppe gepflanzt geben sie dem Garten eine besondere Atmosphäre. Pflegeleichte Sträucher wie Japanischer Blumen-Hartriegel (*Cornus kousa*), Zaubernuss (*Hamamelis*-Arten) oder Japanischer Etagen-Schneeball (*Viburnum plicatum* 'Mariesii') brauchen praktisch keinen Rückschnitt und bilden auch keine lästigen Ausläufer.

Pflegeleichte Kugelbäume

Kugelbäume bilden von sich aus, also ohne Schnitt, runde, kleine Kronen aus. Sie eignen sich hervorragend als Hausbäume für Vorgärten, insbesondere für kleine Gärten, und sogar für ein Leben im Kübel. Besonders schön sehen sie aus, wenn sie als Paar einen Eingang oder eine Treppe betonen. Weil sie so unkompliziert sind und dennoch stets einen guten Eindruck machen, sind sie auch bei allen, die nicht viel im Garten arbeiten wollen oder können, äußerst beliebt.

Lieblingsbäume: Jeder Gärtner hat sie, da bin ich mir sicher! In meinem Garten stehen zwei alte Birken. Sie waren schon vorhanden, als ich anfing, den heutigen Garten anzulegen. Also musste ich um die beiden „alten Tanten“ herum planen, denn das Fällen kam für mich nicht infrage. Sie bilden sozusagen das Herz der Anlage, nach dem sich alles richtet. Andere Gehölze habe ich in den vergangenen Jahren selbst gepflanzt. Besonders gern habe ich die Mittelmeer-Zypressen, die ich aus einem Provence-Urlaub mitgebracht habe. Bis auf ein Exemplar haben sie sogar die kalten Winter der letzten Jahre überstanden.

Der Kugel-Trompetenbaum gibt Struktur im Vorgarten.

SCHÖN RUND: KUGELBÄUME

- Kugel-Feld-Ahorn (*Acer campestre* 'Nanum'): 3 m hoch, 2 m breit
- Kugel-Spitz-Ahorn (*Acer platanoides* 'Globosum'): 4–6 m hoch und breit
- Kugel-Amberbaum (*Liquidambar styraciflua* 'Gum Ball'): 4 m hoch und 2,50 m breit
- Kugel-Steppen-Kirsche (*Prunus fruticosa* 'Globosa'): 3–5 m hoch, bis 2,50 m breit
- Kugel-Scheinakazie (*Robinia pseudoacacia* 'Umbraculifera'): 5–6 m hoch und 4 m breit, nicht blühend
- Kugel-Trompetenbaum (*Catalpa bignonioides* 'Nana'): 4–7 m hoch, nicht blühend

Neue Bäume und Sträucher pflanzen

Kleinere Gehölze können Sie leicht selbst pflanzen – insbesondere, wenn es sich um sogenannte Containerware handelt, also um Pflanzen, die in Kunststofftöpfen herangezogen wurden. Diese wachsen fast immer ohne Schwierigkeiten an. Größere Gehölze haben oft einen schweren Wurzelballen.
Besonders gewichtig ist solch ein Brummer, wenn Sie ihn in das Pflanzloch heben und sich dabei auch noch bücken müssen. Dann sollten Sie sich auf jeden Fall Hilfe holen.

Jetzt oder später?

Die beste Pflanzzeit für Gehölze ist der Zeitraum, in dem sie sich in der Vegetationspause befinden, also vom Herbst bis zum zeitigen Frühjahr. Pflanzen Sie nur an frostfreien Tagen und niemals in gefrorenen Boden. Containerware kann nahezu das ganze Jahr gepflanzt werden, wenn der Boden nicht gefroren ist. Sie sollten jedoch nicht unbedingt die heißen Sommermonate wählen, damit die Gehölze nicht unter Stress geraten und vertrocknen.

Nackt oder im Topf?

Manche Gehölze, vor allem Obstbäume und -sträucher, werden im Handel wurzelnackt angeboten. Das bedeutet, dass die Pflanzen keinen Wurzelballen mit Erde, sondern nur die nackten Wurzeln haben. Vor dem Pflanzen müssen Sie die Gehölze unbedingt mehrere Stunden in ein Gefäß mit Wasser stellen, damit sie sich richtig vollsaugen können. Verletzte Wurzeln schneiden Sie mit einer scharfen Schere frisch an. So wird die Bildung neuer Feinwurzeln angeregt.
Baumschulen verkaufen viele Gehölze „balliert“. Das heißt, dass der Wurzelballen des ausgegrabenen Gehölzes in ein grobes Tuch aus Naturfasern eingebunden wurde. Das verhindert, dass der Ballen beim Transport auseinanderfällt. Beim Einpflanzen bleibt das Tuch um den Wurzelballen und wird lediglich rund um den Stamm herum aufgeschnitten oder aufgeknotet. Die Wurzeln durchdringen das Tuch während des Wachstums mühelos, später verrottet es im Boden.
Wenn Gehölze in Kunststofftöpfen herangezogen werden, spricht man von Containerware. Diese Gehölze können fast ganzjährig gepflanzt werden, weil beim Umpflanzen die Wurzelballen intakt bleiben und die Pflanzen ohne großen Stress am neuen Standort weiterwachsen.

Diesem frisch gepflanzten Hochstämmchen sieht man noch nicht an, dass es in einigen Jahren den Garten beherrschen wird.

Sauer oder alkalisch?

Um sicherzugehen, dass der Boden für das Gehölz Ihrer Wahl geeignet ist, können Sie eine Bodenanalyse vornehmen und den pH-Wert des Bodens feststellen. Entsprechende Tests gibt es im Gartenfachhandel. Oder Sie schicken Erde aus Ihrem Garten an ein Labor, das Bodenuntersuchungen vornimmt – dann bekommen Sie ganz detaillierte Hinweise zu Ihrem Boden. Hier ist der Gartenmarkt ebenfalls der beste Ansprechpartner. Aber einen einfachen pH-Test können Sie selbst machen und entsprechend des Ergebnisses selbst Hand anlegen: Falls Sie Rhododendren und andere Gehölze pflanzen möchten, die einen sauren Boden benötigen, können Sie den Säuregehalt des Bodens mit Rhododendronerde aus dem Gartenfachhandel angleichen. Fehlt Kalk im Boden, das heißt Ihr Boden ist zu sauer für die Gehölze, die Sie pflanzen möchten, empfiehlt sich eine Gabe aus Garten- oder Algenkalk. Lehmige Böden werden durch Sand oder Feinkies durchlässiger. Sandböden machen Sie durch das Einarbeiten von Kompost humoser, so halten diese die Feuchtigkeit besser.

GEHÖLZE PFLANZEN

1. Heben Sie ein Pflanzloch aus, das etwa doppelt so breit und tief wie der Wurzeldurchmesser des Gehölzes ist, und lockern Sie den Boden am Grund des Lochs auf. Mischen Sie die ausgehobene Erde mit reifem Kompost und einer Handvoll Hornspäne und geben Sie einen Teil der Mischung in das Loch.

2. Setzen Sie den Wurzelballen hinein. Die Pflanze sollte genauso tief stehen wie zuvor im Container. Füllen Sie den Rest des Substratgemischs hinein. Wurzelnackte Gehölze sollten Sie einige Male leicht hochziehen und rütteln, damit das Substrat zwischen die Wurzeln rieselt.

3. Treten Sie das Substrat nach dem Einfüllen ins Loch fest und formen Sie einen Gießrand aus Erde, damit das Gießwasser nicht wegfließt. Zum Schluss gießen Sie den Baum gründlich an. So schließen sich verbliebene Hohlräume und die Wurzeln sind gut vom Substrat umschlossen.

Hecken: die grünen Grenzen

Formschnitthecken sind seit Jahrhunderten beliebt und lassen sich vielfältig und wirkungsvoll kombinieren, etwa mit Blütenstauden.

Hecken sind mehr als nur eine blickdichte Einfassung des Grundstücks. Sie schützen auch vor Wind und Abgasen, bilden einen zurückhaltenden Hintergrund für andere Pflanzen und bieten vielen Tiere Unterschlupf. Und das Beste: Richtig geplant, machen sie weniger Arbeit, als Sie denken!

In Form getrimmt

Formschnitthecken bestehen meistens aus immergrünen Koniferen wie Lebensbaum (*Thuja*), Scheinzypresse (*Chamaecyparis*), Eibe (*Taxus*), Wacholder (*Juniperus*) oder aus schnittverträglichen Laubgehölzen wie Hainbuche (*Carpinus*), Liguster (*Ligustrum*) oder Berberitze (*Berberis*). Sie eignen sich besonders gut, um kleine Grundstücke einzugrenzen, sind aber relativ aufwendig zu pflegen. Wenn Sie die ein- bis zweimal jährlich anfallenden Schnittmaßnahmen und das Beseitigen des Schnittguts nicht selbst erledigen möchten, beauftragen Sie eine Firma mit den Arbeiten. Das bedeutet dann aber regelmäßig wiederkehrende Kosten.

Frei wachsende Hecken

Frei wachsende Hecken brauchen mehr Platz als Formschnitthecken, haben aber den Vorzug, deutlich pflegeleichter zu sein. Die Gehölze werden entweder in einer Reihe oder aber zwei- oder dreireihig im Versatz gepflanzt. Sie bilden nicht nur einen Sicht- und Windschutz, sondern sind mit ihren Blüten und Früchten auch eine echte Augenweide. Zudem bieten sie Vögeln Schutz und Nistmöglichkeiten. Setzen Sie die Gehölze nicht zu eng. Empfehlenswert ist ein Pflanzabstand in der Reihe – je nach Art – von 1,00–1,50 m, damit Sie nicht schon nach wenigen Jahren ständig schneiden müssen.

Sicher stehen, sicher schneiden

Beim Heckenschnitt brauchen Sie früher oder später eine Leiter. Denken Sie schon beim Pflanzen daran und halten Sie einen mindestens 80 cm breiten, ebenen Pflegeweg zu beiden Seiten der Hecke frei. So können Sie beim Schneiden gut laufen und auch eine Leiter sicher und fest aufstellen. Steigen Sie nur dann selbst auf die Leiter, wenn Sie sich absolut sicher fühlen und Sie den Umgang mit einer (elektrischen) Heckenschere beherrschen – ansonsten überlassen Sie die Arbeit lieber einer Firma.

Bitte Abstand halten

Die vorgeschriebenen Pflanzabstände zu Nachbargrundstücken regelt das Nachbarschaftsrecht der einzelnen Bundesländer. In der Regel genügen 50 cm für Formschnitthecken und 1 m für frei wachsende Hecken bis 2 m Höhe. Erkundigen Sie sich zur Sicherheit beim Ordnungsamt und sprechen Sie auch mit Ihren Nachbarn, damit Sie auf der sicheren Seite sind. Tipp: Hecken können auch gemeinsam mit den Nachbarn gepflanzt und gepflegt werden. Wenn beide Parteien einverstanden sind, spricht nichts dagegen eine einzige Hecke direkt auf die Grundstücksgrenze zu pflanzen. So sparen beide Platz und obendrein die Hälfte der Arbeit!

Kletterkünstler als Heckenersatz

Als grüner Sichtschutz, der wenig Platz braucht, eignet sich ein Zaun mit Rankpflanzen. Zum Einkürzen überhängender Triebe genügt eine einfache Gartenschere. So ein „lebendiger" Zaun kann aus einfachem Maschendraht oder hölzernen Sichtschutzelementen bestehen. Zur Begrünung eignen sich attraktive Kletterpflanzen wie Efeu (*Hedera*), Waldreben (*Clematis*), Wald-Geißblatt (*Lonicera periclymenum*) oder einjährige Kletterpflanzen wie Prunkwinden (*Ipomoea tricolor*).

Grenzen verschieben: Die Hecke zu ihrem Nachbarn zur Rechten haben Gerlinde und Wolfgang Walter vor einigen Jahren gerodet und den Zaun beseitigt. Ohne diese Grenze wirken beide Gärten optisch größer und die befreundeten Nachbarn können sich ohne lästige Umwege gegenseitig austauschen, wann immer sie möchten.

PFLEGELEICHTE BLÜTENHECKEN

Diese Gehölze sind schön, pflegeleicht, werden kaum höher als 2 m und kommen mit minimalen Schnittmaßnahmen aus:

- Kahle Apfelbeere (*Aronia melanocarpa*)
- Thunbergs Berberitze (*Berberis thunbergii*)
- Raue Deutzie (*Deutzia scabra* 'Candidissima')
- Gewöhnliche Felsenbirne (*Amelanchier ovalis*)
- Blut-Johannisbeere (*Ribes sanguineum*)
- Kornelkirsche (*Cornus mas*)
- Pfeifenstrauch (*Philadelphus* 'Belle Etoile')
- Bodnant-Schneeball (*Viburnum × bodnantense* 'Dawn')
- Japanischer Spierstrauch (*Spiraea nipponica* 'Snowmound')
- Rosmarinblättrige Weide (*Salix rosmarinifolia*)
- Erlenblättrige Zimterle (*Clethra alnifolia*)

Die Berberitze *Berberis thunbergii* 'Golden Ring' wird bis 3 m hoch. Das Besondere dieser Sorte: Jedes Blatt hat einen goldgelben Rand.

Stauden: Dauergäste im Garten

Es müssen nicht immer üppige Blüten sein. Viele Stauden haben attraktive Blätter und lassen durch ihre abwechslungsreichen Formen und Grüntöne schöne Kombinationen entstehen.

Stauden sollten in keinem Garten fehlen. Mich begeistern sie jedes Jahr aufs Neue mit ihren Blüten und Blättern. Entdecken Sie das Gärtnern mit Stauden – Sie werden staunen, wie vielseitig und dennoch pflegeleicht Stauden sein können.

Was sind Stauden?

Alten Gartenhasen braucht man nicht zu erklären, was eine Staude im botanischen Sinn ist. Dennoch werde ich angesichts der verwirrenden Vielfalt von Gartenpflanzen immer wieder gefragt, was Stauden eigentlich sind. Nun, bei Stauden handelt es sich um ausdauernde, also mehrjährige Pflanzen, deren Stiele und Stängel nicht verholzen, wie das bei Bäumen und Sträuchern der Fall ist. In der Vegetationspause – für gewöhnlich im Winter – sterben bei Stauden die oberirdischen Teile ab. Die unterirdischen Organe wie Wurzeln, Knollen, Rhizome oder auch Zwiebeln, treiben in der nächsten Saison wieder aus. Im Gegensatz zu Einjährigen und Sommerblumen werden Stauden mindestens zwei Jahre alt, bevor sie absterben. Die meisten haben aber eine deutlich längere Lebenszeit.

Stauden sind also echte Dauerbrenner im Beet und machen längerfristig weniger Arbeit als einjährige Sommerblumen. Ein gut geplantes Staudenbeet braucht nicht gehackt, gejätet oder gewässert werden. Pflegearbeiten fallen hauptsächlich im Spätjahr oder im zeitigen Frühjahr an, wenn die abgestorbenen Pflanzenteile abgeschnitten werden. Und weil Sie Stauden nicht jede Saison neu anschaffen müssen, sind sie letztlich auch preiswerter als Sommerblumen.

Im Frühjahr ist Pflanzzeit

Die beste Pflanzzeit für Stauden ist das Frühjahr, möglichst bevor die Pflanzen austreiben. Bis Mitte, Ende April sollten sie spätestens in der Erde sein. Auch im Herbst können Sie noch pflanzen, solange der Boden nicht gefroren ist. Containerware, also in Kunststofftöpfen herangezogene Stauden, können sie auch in den Sommermonaten pflanzen, sollten aber die heißesten Tage davon ausnehmen. Tauchen Sie die Wurzelballen vor dem Pflanzen in Wasser, damit sie sich richtig voll saugen können. Verfilzte Wurzelballen lockern Sie etwas auf, damit die Pflanzen besser einwurzeln. Wichtig ist, die Pflanzen nur so tief zu setzen, wie sie zuvor auch im Topf oder im Beet standen, also weder auf einen Hügel noch in eine Mulde. Nach dem Einpflanzen sollten Sie das Angießen nicht vergessen und auch in den folgenden Tagen darauf achten, dass die Pflanzen nicht vertrocknen.

Für ein langes Staudenleben

Die Pflege von Stauden gleicht der anderer Gartenblumen und ist im Grunde relativ einfach: Bei Trockenheit wässern, hohe Triebe beizeiten stützen, damit sie nicht umkippen, während der Wachstumsphase düngen und nach dem Welken bodeneben abschneiden. Die meisten Stauden können nach einigen Jahren aufgenommen, geteilt und dadurch verjüngt werden. Das regt die Blühfreude an und Sie haben obendrein zusätzliche Exemplare für weitere Beete oder zum Verschenken. Es gibt natürlich unter den Stauden auch Kandidaten, die anfällig für Krankheiten und Schädlinge sind. Insbesondere Schnecken machen sich gern über die hübschen Blüher her. Manche Stauden haben auch besondere Standortvorlieben. Damit Sie sich keine Pflegefälle in den Garten holen, die mehr Mühe als Freude machen, fragen Sie am besten in einer Staudengärtnerei nach robusten, pflegeleichten Arten passend zu den Bedingungen in Ihrem Garten.

SCHÖN UND GENÜGSAM

Pflegeleichte Stauden sind robust, langlebig und müssen selten geteilt, verjüngt oder umgepflanzt werden. Solche Kandidaten sind:

- Japanische Herbst-Anemone (*Anemone hupehensis var. japonica*)
- Brandkraut (*Phlomis russeliana*)
- Eisenhut (*Aconitum*-Arten)
- Küchenschelle (*Pulsatilla vulgaris*)
- Nieswurz-Hybriden (*Helleborus × cultorum*)
- Breitblatt-Phlox (*Phlox amplifolia*)
- Chinesische Pfingstrose (*Paeonia lactiflora*)
- Immergrüne Schleifenblume (*Iberis sempervirens*)
- Taglilien-Hybriden (*Hemerocallis × cultorum*)
- Bunte Wolfsmilch (*Euphorbia epithymoides*)

Immer Ärger mit den Schnecken: Gartenfreunde können ein Lied davon singen: Nacktschnecken haben Stauden zum Fressen gern! Über Nacht können sie ein ganzes Beet verwüsten – übrig bleiben nur kahlgefressene Stängel und ein paar Schleimspuren, die auf die Übeltäter hinweisen. Ich habe inzwischen resigniert und pflanze in meinem Garten nur noch, was Schnecken nicht schmeckt: Rosen, robuste Stauden, Ziergräser und blühende Gehölze. Ich musste allerdings nach dem Prinzip Versuch und Irrtum vorgehen, bis ich herausgefunden habe, welche Arten die Schnecken verschonen. Erfahrungsgemäß sind das in jedem Garten andere, denn Schnecken sind Feinschmecker.

Eine feurige Komposition aus Fackellilie (*Kniphofia*) und Indianernessel (*Monarda*).

Lauter
Lieblingspflanzen

Wer betört hier wen?

Ein Gruß aus dem Garten ...

Auf die Frage, welche Blumen sich im Laufe der Jahre in ihr Herz geschlichen haben, antwortet Gerlinde Walter ohne zu zögern: „Dahlien!“. Aber eigentlich gibt es in jeder Jahreszeit eine andere Blume, die ganz oben auf der Hitliste steht. Im Frühjahr sind es die Schneeglöckchen mit ihren nickenden, rahmweißen Blüten, die immer wieder aufs Neue das Herz von Frau Walter betören. Im Frühsommer sind es dann Rosen und Schwertlilien. Viele Sorten dieser königlichen Blütenschätze hat Gerlinde Walter nicht in ihrem Garten. Aber für eine Nase voll Duft genügt es allemal. Und wenn der Sommer sich dem Ende zuneigt, kommt die Stunde der Dahlien: Ihre Vitalität und Farbenpracht verbreiten einfach gute Laune – und das steckt auch die Walters an.

Ein Garten ohne Blumen ist wie ein Sommer ohne Sonne

Freude mit Sommerblumen

Gerlinde Walter hat zwar ihre Favoriten unter den Sommerblumen, wie die Zinnien, probiert aber immer wieder neue Arten und Sorten aus.

Ein Sommer voller Blüten – wer träumt nicht davon? Mit Sommerblumen wird dieser Wunsch Wirklichkeit. Wählen Sie Arten und Sorten, die wenig Arbeit machen und dennoch alle Sinne betören.

Was sind Sommerblumen?

Der Begriff Sommerblumen bezieht sich auf meist einjährig gezogene Pflanzen, die im Sommerhalbjahr in Beeten, Schalen und Töpfen gepflanzt werden. Sie erfreuen uns bis zum ersten Frost mit üppigen Blüten. Manche der beliebtesten Sommerblumen wie Löwenmäulchen, Goldlack oder Bartnelken werden zweijährig gehalten. Das heißt, sie bilden erst im zweiten Jahr nach der Aussaat Blüten. Wenn Sie sich die etwas aufwendige Anzucht dieser Kandidaten ersparen möchten, können Sie bereits zweijährige, blühende Exemplare im Topf kaufen. Inzwischen gibt es aber auch züchterisch verbesserte Arten, die schon im Jahr der Aussaat blühen.
Ganz gleich, ob Sie sonnige, halbschattige oder schattige Standorte durch lebendige Farbtupfer aufwerten möchten – im breiten Spektrum der Sommerblumen finden Sie für jede Gartensituation passende Pflanzen. Fragen Sie am besten beim Kauf nach den Standortansprüchen der jeweiligen Arten. Wenn Sie sie passend zum Standort auswählen und pflanzen, reduziert sich der Pflegeaufwand meist auf regelmäßiges Gießen und gelegentliches Düngen. Experimentieren lohnt sich in diesem Fall nicht: Wenn Sie sonnenhungrige Arten wie Pelargonien, Studentenblumen (*Tagetes*) oder Kapuzinerkresse

(*Tropaeolum*) an schattige Standorte pflanzen, warten Sie vergeblich auf üppigen Flor. Die bessere Wahl sind in diesem Fall Fuchsien, Fleißige Lieschen (*Impatiens walleriana*) und Knollen-Begonien (*Begonia × tuberhybrida*). Sie mögen es eher halbschattig bis schattig, in der prallen Sonne würden sie verbrennen. Eine dauerhafte Alternative zu einer alljährlich neuen Bepflanzung der Beete sind Stauden, die viele Jahre am gleichen Standort bleiben können (siehe Seite 98).

Andere kurzlebige Schönheiten

Was wäre eine Pflanzplanung ohne die vielen attraktiven einjährigen Ziergräser und Blattschmuckpflanzen? Sie sorgen für Abwechslung und Struktur in den Beeten. Ein echter Blickfang sind beispielsweise dunkellaubige Sorten von Buntnesseln (*Plectranthus scutellarioides*) und Blutblatt (*Iresine herbstii*), die mit ihren purpurroten Blättern eine dramatische Note und Tiefe in die Beete bringen. Außerdem eignen sich einjährig kultivierte Kletterpflanzen wie Glockenrebe (*Cobaea scandens*), Schwarzäugige Susanne (*Thunbergia alata*), Prunkwinde (*Ipomoea tricolor*) und Duft-Wicke (*Lathyrus odoratus*) dazu, Zäune, Balkongitter, Pergolen oder Spaliere zu schmücken.

Kaufen statt Aussäen

Sie können sich viel Arbeit sparen, wenn Sie Sommerblumen nicht selbst aussäen, sondern vorgezogene Jungpflanzen im Handel kaufen. Das ist zwar etwas teurer und Sie bringen sich um die Freude des Aussäens. Aber Sie haben dadurch die Auswahl unter den aktuellsten Sorten. Der Kauf von Jungpflanzen ist insbesondere dann zu empfehlen, wenn Sie nur wenige Exemplare brauchen.

Wer zupft, hat mehr vom Sommer

Sommerblumen sind unermüdliche Dauerblüher – vorausgesetzt, Sie zupfen Verblühtes regelmäßig aus. Dies verhindert, dass die Pflanzen sich durch die Samenproduktion verausgaben und es fördert die Bildung neuer Blüten. Wenn Sie sich die Arbeit des Ausputzens ersparen möchten, greifen Sie zu modernen Sorten, die sich selbst putzen. Fragen Sie beim Kauf danach.

Kleine Farbtupfer: In meinem Garten habe ich wegen der gefräßigen Nacktschnecken wenig Glück mit Sommerblumen. Nur wenige Arten wie etwa Schmuckkörbchen (*Cosmos bipinnatus*) und Strand-Silberkraut (*Lobularia maritima*) traue ich mich, in die Beete auszupflanzen. Andere einjährige Blütenwunder wie Zonal-Pelargonien, Petunien, Fuchsien und Elfensporn (*Diascia barberae*) pflanze ich in Töpfen und Ampeln, wo sie vor Schnecken sicher sind. Schon wenige Exemplare, an prominenten Stellen positioniert, bilden bunte Blickfänge. So erspare ich mir übrigens auch die Arbeit, jedes Frühjahr ganze Beete mit Sommerblumen zu bestücken!

PFLEGELEICHTE SOMMERBLUMEN

Die folgenden Sommerblumen-Arten kommen ohne viel Pflege aus und blühen die ganze Saison über durch:

- Knollen-Begonie (*Begonia × tuberhybrida*)
- Berufkraut (*Erigeron karvinskianus*)
- Elfensporn (*Diascia barberae*)
- Fächerblume (*Scaevola aemula*)
- Fuchsien (*Fuchsia*-Sorten)
- Husarenknopf (*Sanvitalia procumbens*)
- Kalifornischer Kappenmohn (*Eschscholzia californica*)
- Leberbalsam (*Ageratum houstonianum*)
- Edel-Lieschen (Sorten der *Impatiens* Neuguinea-Gruppe)
- Fleißiges Lieschen (*Impatiens walleriana*)
- Männertreu (*Lobelia erinus*)
- Schmuckkörbchen (*Cosmos bipinnatus*)
- Sonnenwende (*Heliotropium arborescens*)
- Studentenblume (*Tagetes*)

Schmuckkörbchen gibt es in Rosatönen und in Weiß.

Für jede Art ein eigenes Töpfchen – so kommt beim Aussäen nichts durcheinander.

Sommerblumen selbst aussäen

Sie brauchen zum Aussäen weder ein Gewächshaus noch einen grünen Daumen! Ganz gleich, ob Sie nur einzelne Exemplare heranziehen möchten oder palettenweise zahlreiche Jungpflanzen produzieren wollen, um ihre Beete damit zu füllen – die Aussaat von Sommerblumen ist kein Hexenwerk.

Viel Pracht für wenig Geld

Wenn Sie es nicht schon als Kind gemacht haben, dann wird es höchste Zeit, damit anzufangen: Das Vermehren von Sommerblumen durch Aussaat ist unkompliziert und es macht großen Spaß, das Keimen und Heranwachsen der Sämlinge zu beobachten. Manche Arten wie Ringelblumen (*Calendula officinalis*) oder Duft-Wicken (*Lathyrus odoratus*) können Sie direkt an Ort und Stelle ins Freiland säen. Bei vielen Arten lohnt sich jedoch die Vorkultur unter Glas, damit die herangezogenen Sämlinge ab Mai zum Auspflanzen bereit sind. Sie brauchen dazu keine extra Ausstattung – ein helles Fensterbrett, etwas Sorgfalt und ein wenig Geduld reichen völlig aus!

Voller Vorfreude ins Gartenjahr

Das sehnsüchtige Warten auf die Aussaatsaison beginnt schon mitten im Winter mit dem Stöbern in Saatgutkatalogen. Im Gartenfachhandel und in Gartencentern finden Sie ganzjährig Samen von Sommerblumen. Achten Sie bei der Auswahl auf Qualitätssaatgut und das Haltbarkeitsdatum. Die Samen keimen nur zuverlässig, wenn sie nicht überlagert sind. Wählen Sie Ihre Lieblingsblumen nach Lust und Laune aus, aber berücksichtigen Sie die Standortansprüche der Arten. Die meisten lieben Sonne satt! Schauen Sie auch auf die Wuchshöhe der Sorten. Von vielen Arten, wie etwa Schmuckkörbchen (*Cosmos bipinnatus*) oder Sonnenblumen (*Helianthus annuus*), gibt es niedrige und recht hohe Sorten.

Mit Vorsprung

Die meisten Sommerblumen, die in Vorkultur gezogen werden, können Sie bereits ab Anfang März in Kästen oder Schalen auf dem Fensterbrett aussäen. Wählen Sie ein Südfenster, denn je mehr Licht die Sämlinge erhalten, desto kompakter bleiben sie. Zu dunkel stehende Exemplare bekommen unnatürlich lange Stängel und neigen später zum Umfallen. Wenn Sie ein Frühbeet haben, können Sie Mitte März die Fenster auflegen und ab Ende März mit der Aussaat beginnen. Die gekeimten Sämlinge werden in Töpfchen vereinzelt („pikiert"), wenn sie das zweite echte Blattpaar nach den Keimblättern entwickelt haben. Halten Sie die Jungpflanzen bis zum Auspflanzen im Mai geschützt. Vor dem Auspflanzen müssen sie durch Abhärten an die Bedingungen im Freiland gewöhnt werden. Dazu lüften Sie bei milden Temperaturen öfter oder stellen die Pflanzen stundenweise ins Freie – aber nicht in die pralle Sonne, damit sie nicht verbrennen.

Wichtig beim Aussäen ist die Hygiene. Verwenden Sie nur gründlich gesäuberte Aussaatgefäße und Werkzeuge sowie sterile Aussaaterde und sauberes Gießwasser. So haben Pilze und andere Krankheitserreger, die sich in der feuchten Luft rasch ausbreiten könnten, keine Chance. Wenn die Sämlinge dennoch befallen sind, glasige oder dunkle Wurzelhälse aufweisen und umzufallen drohen, dann hilft nur möglichst rasches Umpflanzen in frische, nicht zu nahrhafte Erde. Gründe für das Auftreten von Infektionen können zu hohe oder zu niedrige Temperaturen, zu nasses Substrat oder zu wenig Licht sein.

ZWEI AUSSAATTYPEN

Bei Dunkelkeimern bedecken Sie die Samen nach der Aussaat mit einer dünnen Schicht Erde. Lichtkeimer drücken Sie nur an, ohne sie mit Erde zu bedecken. Ob eine Pflanze zur einen oder anderen Gruppe gehört, steht auf der Samentüte. Ist nichts extra erwähnt, ist die Sommerblumen-Art ein Dunkelkeimer.

AUSSÄEN IN DER SAATKISTE

1. Füllen Sie eine gründlich gesäuberte Kiste mit spezieller Aussaaterde aus dem Gartenfachhandel. Drücken Sie die Erde an und streichen Sie die Oberfläche glatt. Säen Sie feine Samen breitwürfig aus, größere Samen in Reihen.

2. Samen mit Erde bedecken und vorsichtig mit der Gießkanne mit feiner Brause oder einem Wäschesprenger angießen. Mit einer Scheibe aus Glas oder Plexiglas abdecken, damit die Erde nicht so rasch austrocknet.

3. Sobald sich die Keimlinge zeigen, entfernen Sie die Abdeckung. Halten Sie die Sämlinge feucht, bis sie groß genug zum Vereinzeln in größere Töpfe sind. Robuste Arten können auch direkt im Garten ausgepflanzt werden.

Kübelpflanzen: mobiles Grün und Bunt

Mit ein paar Kräutertöpfen auf Balkon oder Terrasse geben Sie dem Alltag Würze.

Kübelpflanzen gewinnen seit Jahren an Beliebtheit. Oleander, Olivenbäumchen, Wandelröschen und Co. verwandeln Balkone und Terrassen in Urlaubsoasen mit südländischem Flair.

Der Trend hält an

Mit einheimischen und exotischen Arten bepflanzte Kübel und Töpfe erlauben Ihnen das Gärtnern auch auf Balkon und Terrasse. Mediterrane Kübelpflanzen wie Lorbeer (*Laurus nobilis*), Feige *(Ficus carica)*, Braut-Myrte (*Myrtus communis*) oder Olivenbäumchen (*Olea europaea*) zaubern eine exotische Atmosphäre.

Denken Sie bei der Anschaffung von Kübelpflanzen und einer Topfparade für die Fensterbank nicht nur an die Optik und den Augenblick! Pflanzen in Töpfen und Kübeln sind pflegebedürftiger als solche, die im Boden wurzeln. Sie müssen mit Wasser und Nährstoffen versorgt werden – und das regelmäßig. Viele sind zudem nicht winterhart und brauchen ein frostfreies Winterquartier. Der Transport großer, schwerer Kübel kann zum Problem werden. Solange keine Stufen überwunden werden müssen, können Sie aber zu praktischen Hilfsmitteln wie Sackkarren mit luftbereiften Rädern oder Untersetzern auf Rollen greifen. Bei einem Transport über Stufen oder Treppen brauchen Sie in jedem Fall die Hilfe einer zweiten Person. Sie können es sich leichter machen, wenn Sie statt der schweren Terrakotta-Töpfe Kübel aus Kunststoff verwenden. Die gibt es inzwischen auch in Form täuschend echt nachgeahmter Terrakotta. Mein Tipp: Viele Gärtnereien bieten einen Überwinterungsservice für Kübelpflanzen inklusive An- und Abtransport an.

Das richtige Winterquartier

Die meisten Kübelpflanzen vertragen keinen Frost. Deshalb werden sie ja auch im Kübel gehalten. So lassen sie sich bei drohenden Minusgraden einfach in Sicherheit bringen. Empfindliche Tropenschönheiten wie Roseneibisch (*Hibiscus rosa-sinensis*) und Zitrusgewächse vertragen keine tiefen Temperaturen und werden bereits ab Oktober eingeräumt. Härtere Burschen wie Lorbeer und Oliven können bis zu den ersten strengen Nachtfrösten (unter −5 °C) im Freien bleiben. Das Ausräumen im Frühjahr erfolgt dann spiegelverkehrt: Zuerst die robusten Arten, dann (ab Anfang / Mitte Mai) die empfindlichen. Geeignete Räume zum Überwintern sind helle Kellerräume, Garagen, unbeheizte Treppenhäuser und Wintergärten oder nicht benutzte Gästezimmer. Generell gilt: Je kälter, desto dunkler darf der Raum sein. Laubwerfende Kübelpflanzen wie Granatapfel (*Punica granatum*) oder Feige können auch völlig dunkel überwintert werden. Vergessen Sie nicht, die Pflanzen im Winterquartier gelegentlich zu gießen und auf Schädlinge zu kontrollieren.

Kübelpflanzen fürs ganze Jahr

Während die meisten Kübelpflanzen im Winter frostsicher untergebracht werden müssen, gibt es auch zahlreiche attraktive, winterharte Arten, etwa Buchsbaum, Zwerg-Koniferen, Azaleen oder kleinwüchsige Ahorn-Arten, die ganzjährig im Freien bleiben können und selbst eisige Winter in der Regel schadlos überstehen. So sparen Sie sich den kräftezehrenden Transport der Kübel ins Winterquartier. Achten Sie bei den Kübeln auf frostfeste Qualität und gießen Sie in frostfreien Perioden.

Hundertundein Topf: Gute Ratschläge geben kann jeder, aber sich selbst dran zu halten, ist nicht immer einfach. Das Aus- und Einräumen der Kübelpflanzen macht mir immer mehr Mühe. Jedes Mal schwöre ich mir, die schweren Oleander-, Lorbeer-, Oliven- und Zitronenbäumchen abzuschaffen. Stattdessen kommt aber immer Neues dazu, sei es durch Geschenke oder durch Stecklinge, weil die Triebe, die beim Rückschnitt anfallen, doch viel zu schade zum Kompostieren sind … Ach ja, denke ich dann wieder einmal: Nur dieses Jahr noch mache ich mir die Mühe, aber nächstes Jahr wird alles anders …

WINTERHARTE KÜBELPFLANZEN

Diese Pflanzen können das ganze Jahr im Kübel wachsen:

- Schlitz-Ahorn (*Acer palmatum dissectum*)
- Stumpfblättrige Azalee (*Rhododendron obtusum*)
- Buchsbaum (*Buxus sempervirens*)
- Japanische Eibe (*Taxus cuspidata* 'Nana')
- Krummholz-Kiefer (*Pinus mugo* 'Gnom')
- Japanische Lavendelheide (*Pieris japonica*)
- Kugel-Lebensbaum (*Thuja occidentalis* 'Golden Globe')
- Kugel-Scheinzypresse (*Chamaecyparis obtusa* 'Pygmaea')
- Japanische Skimmie (*Skimmia japonica*)
- Japanischer Spindelstrauch (*Euonymus japonicus*)
- Heide-Wacholder (*Juniperus communis* 'Echiniformis')
- Zwerg-Balsam-Tanne (*Abies balsamea* 'Nana')

Abgeschnittene Triebe eignen sich oft als Steckling.

Intelligenter gärtnern

Schwitzen bei der Arbeit soll ja gesund sein.
Aber von Rückenschmerzen und Muskelkater ist da nicht
die Rede – warum das also bei der Gartenarbeit
in Kauf nehmen, wenn es auch anders geht?

Es gibt viele kluge Sprichwörter, die auch für die Gartenarbeit gelten könnten. Eines lautet: „Aus Schaden wird man klug“. Das muss ich eigentlich nicht kommentieren, weil jeder selbst schon die Erfahrung gemacht hat, dass dies stimmt. Damit es aber erst gar nicht so weit kommt, dass man einen Schaden (vielleicht sogar einen körperlichen) davonträgt, lautet eines meiner Lieblingsmottos: „Lieber zweimal nachdenken, bevor man handelt“. Das spart erfahrungsgemäß nicht nur Kraft und Zeit, sondern lenkt den Blick auch auf das Wesentliche. Tatsache ist, dass Sie noch so viele praktische Gartengeräte und -helfer anschaffen können, wie Sie wollen – die Arbeit, die Sie sich vorgenommen haben, müssen Sie dennoch mit Muskelkraft schaffen. Natürlich erleichtern ergonomische Gartengeräte, die vielleicht sogar motorisiert sind, die Arbeit. Mit dem Ausdruck „intelligenter Gärtnern“ meine ich aber nicht nur die nützlichen Gartenhelfer in Form von Motorscheren und Handgeräten mit Rollgriffen, sondern auch das ganze Gärtnerleben. Wenn Umgraben, Jäten, Laubkehren und andere Arbeiten Ihnen zunehmend schwer fallen, wird es Zeit für eine Neubewertung bisheriger Handgriffe und Arbeitsabläufe. Zudem ist eine ehrliche Bestandsaufnahme der eigenen Ressourcen wichtig, damit Sie wirklich wissen, welche Aufgaben Sie auch in Zukunft bewältigen können. Es wäre schade, wenn Ihnen Ihr Garten wie ein ständiges Mahnmal der eigenen Unzulänglichkeit vorkommt. Schrauben Sie notfalls Ihren Ehrgeiz und Ihre Ansprüche an Ihr grünes Refugium etwas zurück. Oft entsteht dadurch etwas völlig Neues, manchmal sogar etwas Schöneres als es vorher war – und es erscheint in keinster Weise wie ein Plan B, der aus einer Not heraus geboren wurde. Denken Sie vor allem immer daran, dass Sie niemandem etwas beweisen müssen. Beim Gärtnern geht es nicht ums Zähnezusammenbeißen, sondern darum, dass Sie sich beim Werkeln zwischen Rosen und Radieschen wohlfühlen und den Aufenthalt in der Natur genießen.

Gartengeräte, die zu mir passen

Mithilfe eines Obstpflückers, den es auch mit Gelenk und Teleskopstiel gibt, können Sie bequem ernten.

Warum sollten wir an unpraktischen, aber gewohnten Geräten und Werkzeugen festhalten, obwohl sie uns mittlerweile den Alltag im Garten eher erschweren? Denn es gibt inzwischen viele Hilfsmittel, die uns die Arbeit erleichtern.

Ergonomische Gartenwerkzeuge

Wir sind es gewohnt, die Pflegearbeiten im Garten mit den üblichen Gerätschaften zu erledigen: Die Handhabung macht den meisten von uns keine Probleme. Wenn aber die Kraft nachlässt und vielleicht auch noch Gelenkschmerzen, Arthrose oder ramponierte Bandscheiben hinzukommen, sind viele der Geräte mit Mühe zu benutzen. Speziell für Menschen mit körperlichen Einschränkungen gibt es eine Reihe auf deren Bedürfnisse zugeschnittene Gartengeräte. Sie bestehen aus leichten, aber stabilen Materialien, haben ergonomisch geformte Griffe, die besonders gut in der Hand liegen, und lassen sich leichter bedienen als herkömmliche Werkzeuge. Längenverstellbare Stiele können individuell angepasst werden, sodass Sie nicht in unbequemer Haltung arbeiten müssen. Das hilft schon viel, glauben Sie mir! Eine große Erleichterung sind solche längenverstellbaren Griffe oder

Teleskopstiele etwa bei Astscheren und -sägen zur bequemen Baumpflege vom Boden aus oder bei Apfelpflückern, die das Ernten von Äpfeln oder Birnen ohne Leiter möglich machen.

Die Teleskopschere ist für Wolfgang Walter immer wieder ein Quell der Freude – vor allem, weil sie so problemlos funktioniert.

Nützliches aus dem Gartencenter

Früher habe ich beim Anblick so mancher Gerätschaften gedacht: Das brauche ich nicht! So plagte ich mich lange Zeit mit einem konventionellen Fächerbesen herum, der im Herbst mit seinen Metallzinken das Laub zusammenfassen sollte. Ein Freund beobachtete mich, wie ich mit dem stilvollen, aber schweren und zugegeben wenig effektiven Gerät auf dem Rasen herumkratzte. Bei seinem nächsten Besuch brachte er mir einen Fächerbesen mit Leichtmetallstiel und einem riesigen Fächer aus grünem Kunststoff mit. Nicht schön, dachte ich, aber vielleicht praktisch. Inzwischen freue ich mich sogar fast auf das herbstliche Laubkehren, so leicht und schnell geht das mit dem neuen Gerät! Übrigens können Sie zusammengerechtes Herbstlaub mit praktischen Greifhänden aus Kunststoff ganz bequem fassen und in einen Sack befördern. Oder Sie kehren das Laub einfach in eine Hecke oder Gehölzrabatte, wo es bis zum Frühjahr verrottet.

Neue Freunde

Mittlerweile habe ich bei Besuchen in den Gärten von Bekannten auch noch das eine oder andere Gartenzubehör mal ausprobiert. Nicht alles hat mich wirklich überzeugt, aber einige Hilfsmittel fand ich wirklich praktisch. Die schwersten meiner Kübelpflanzen stehen jetzt auf Rolluntersetzern. So kann ich sie bewegen, ohne mich zu verheben. Die Untersetzer sind übrigens auch praktisch zum Transport von großen Steinen, Düngersäcken und anderen Schwergewichten. Eine Sack- oder Stapelkarre erfüllt einen ähnlichen Zweck. Viele Werkzeuge haben glatte Griffe. Mit rutschfesten Übergriffen habe ich einen besseren Halt und fühle mich sicherer in der Handhabung.

HOCH HINAUS

Mit einer Teleskop-Astschere erreichen Sie selbst die höheren Äste problemlos ohne Leiter. Dank der ausgefeilten Technik genügt ein Zug am Seil und die scharfen Scheren schneiden Zweige und dünne Äste bis zu einer Stärke von 4 cm.

Dieser Greifer macht das Bücken in vielen Fällen überflüssig.

Regelmäßig ein Tropfen Öl: Das sorgt für leichtgängige Scheren.

Wenn ausgiebig gewässert werden muss, greift Frau Walter statt zur Gießkanne lieber gleich zum Gartenschlauch.

Reine Geschmackssache

Nicht warm geworden bin ich bisher mit den Stecksystemen mit Geräteaufsätzen, etwa zur Bodenbearbeitung: Ein Stiel passt für mehrere Geräte wie Grubber, Schlag- und Ziehhacke, Kultivatoren und Ähnliches.
Die werden als praktisch und platzsparend angepriesen. Ich finde das Auswechseln der Aufsätze jedoch lästig und die Geräte insgesamt nicht stabil genug. Auch Werkzeuggürtel oder -schürzen, die das Bücken und Suchen nach Scheren, Pflanzkellen und anderen kleinen Werkzeugen ersparen sollen, konnten mich nicht überzeugen. Mich stören die Dinger eher beim Arbeiten. Aber damit verhält es sich wie so oft im Leben: Reine Geschmackssache! Ich kann Ihnen nur raten, das reichhaltige Sortiment an vermeintlichen Gartenhelfern kritisch auszuprobieren. Vieles ist wirklich praktisch, spart Platz im Gartenschuppen sowie Zeit und Kraft beim Arbeiten. Das macht das Leben leichter und den Gartenalltag einfach schöner. Aber es gibt auch einiges auf dem Markt, das sich nicht für meine ganz persönlichen Bedürfnisse eignet, mich eher behindert als mir zu helfen oder schlicht und einfach Blödsinn ist. Wie gesagt, prüfen Sie selbst, um sich ein Urteil zu bilden, bevor Sie Ihr Geld für etwas ausgeben, das eigentlich kein Mensch braucht.

Äußerst bequem: Eine lang gestielte Variante von Handfeger und Kehrblech.

Probieren geht über studieren

Probieren Sie die Geräte vor dem Kauf immer aus. Nur so erfahren Sie, ob die Werkzeuge bequem in der Hand liegen, leichtgängig sind und nicht zu viel Gewicht haben. Nicht jedes Gerät passt für jeden Benutzer. Vergleichen Sie die Modelle unterschiedlicher Anbieter. Stimmen die Proportionen und fühlen Sie sich damit sicher? Simulieren Sie die Arbeitsbewegung eine

Zeitlang, dann merken Sie, ob das Gerät bequem ist oder Sie sich vielleicht doch verkrampfen. Niemals sollten Sie Geräte nach rein ästhetischen Kriterien auswählen. Was nützt Ihnen eine noch so schöne Gießkanne aus Metall, wenn sie so schwer ist, dass Sie sie letztendlich doch nicht gern benutzen?

Mit Motorkraft

Viele Gartenhelfer gibt es auch mit motorisiertem Antrieb, etwa Scheren, Sägen und Laubsauger bzw. -bläser, die dabei helfen, Herbstlaub von Wegen und Beeten zu beseitigen. Wann immer möglich, wählen Sie Geräte mit Akkubetrieb, so vermeiden Sie die Gefahr, das Elektrokabel beim Bedienen versehentlich zu durchtrennen oder darüber zu stolpern. Ich muss aber auch erwähnen, dass viele motorisierte Geräte mehr Gewicht als die herkömmlichen haben und auch nicht immer leicht zu handhaben, zu warten und zu reinigen sind. Manchmal ist es sinnvoller, auf mechanische Geräte auszuweichen, die mit einer Zusatzfunktion ausgestattet sind. So erleichtern Scheren mit Ratschenfunktion oder Rollgriffen das Schneiden. Laubrechen gibt es inzwischen mit Stielen aus Leichtmetall und extra großen Fächern aus Kunststoff Sie ermöglichen es, große Laubmengen in kürzester Zeit ohne Mühen zu bewältigen.

Kniekissen oder Knieschoner tun genau das, was ihr Name sagt: Sie schonen die Knie und machen das Arbeiten in dieser Position angenehmer.

Automatisch gut

Fast alle Arbeiten im Garten müssen von Hand ausgeführt werden. Gießen allerdings, eine der am meisten Kräfte zehrenden und zeitraubendsten Tätigkeiten, muss man nicht unbedingt selbst. Sie können stattdessen eine automatische Bewässerungsanlage installieren. Im Handel gibt es inzwischen viele Systeme, angefangen bei kleinen, die für Balkon- und Terrassengärten ausreichen, bis hin zu solchen, die ganze Parks mit dem lebenswichtigen Nass versorgen. Mit einem Bewässerungscomputer verbunden arbeiten diese Systeme völlig selbstständig, wenn sie erst einmal richtig installiert und programmiert sind. Wenn Sie sich das nicht zutrauen, kann Ihnen eine Gartenbaufirma dabei helfen.

Wasser marsch! Seit letztem Sommer gibt es im Garten der Walters eine computergesteuerte Bewässerungsanlage. Das klingt hochtrabend, ist aber in Wirklichkeit ganz leicht zu installieren, wie Herr Walter versichert. Gesteuert wird die Anlage von einem batteriebetriebenen Mini-Computer aus dem Gartenfachhandel, der kinderleicht zu programmieren ist. Tropfschläuche aus schwarzem Kunststoff leiten das lebenswichtige Nass direkt zu den Pflanzen.

Auf die Haltung kommt es an

Fühlen Sie sich nach der Gartenarbeit manchmal wie gerädert? Dann sollten Sie Ihre Motorik verbessern. Gerade dann, wenn man nicht mehr ganz so jung und beweglich ist, spielt die richtige Körperhaltung bei der Gartenarbeit eine wichtige Rolle.

Gärtnern ist ein bisschen wie Sport

Akrobatische Verrenkungen bei der Obsternte oder beim Gehölzschnitt, grenzwertige Haltungen beim Jäten und Hacken sowie das Heben schwerer Lasten: Gärtnern ist ein anstrengender Sport, wenn man es ernsthaft betreibt. Aber anders als bei konventionellen Sportarten gehen Gärtner meistens einfach ans Werk, ohne sich Gedanken über die Körpermechanik zu machen. Dabei können Sie mit den richtigen Techniken viele Blessuren, Zerrungen und so manchen Muskelkater vermeiden. Sehnen, Muskeln und Gelenke werden weniger belastet und Sie können die Arbeiten in Zukunft leichter bewältigen, ohne unnötig Energie zu verschwenden.

FÜR EINEN STARKEN RÜCKEN

Bekämpfen Sie bei Rückenschmerzen die Ursachen, statt an den Symptomen herumzukurieren. Stärken Sie Ihre Bauchmuskulatur! Die Bauchmuskeln dienen als „Spanngurte", um den Rücken gerade zu halten. Sind sie zu schwach, geben Sie der Wirbelsäule nicht genug Halt.
Mein Trainingstipp für starke Bauchmuskeln: Legen Sie sich auf dem Rücken, winkeln Sie die Knie an und schieben Sie die Arme unter den Kopf. Dann atmen Sie ein, spannen die Bauch- und Gesäßmuskeln an und heben Hüften sowie das Gesäß etwas vom Boden ab. Zählen Sie bis vier, atmen Sie aus und begeben sich dann zurück in die Ausgangsposition.

Bücken und Heben

Mit zunehmendem Alter wächst die Gefahr, durch eine falsche Körperhaltung beim Bücken und Heben den Rücken zu überanstrengen. Der Zahn der Zeit nagt eben an uns allen. Einer der häufigsten Fehler besteht darin, sich mit gestreckten Knien aus der Hüfte heraus zu bücken. Das belastet den gesamten Körper, aber besonders die Lendenwirbelsäule, weil der Schwerpunkt des Oberkörpers sich ungünstig verlagert. Wenn Sie dann in dieser Körperhaltung auch noch einen schweren Gegenstand heben, sind Rückenprobleme vorprogrammiert.
Stellen Sie stattdessen einen Fuß ein kleines Stück vor den anderen und beugen Sie die Knie, um in die Hocke zu gehen. Halten Sie Ihren Rücken währenddessen nur leicht gebeugt, also weder rund noch kerzengerade. Wenn Sie einen Gegenstand hochheben wollen, dann halten Sie ihn möglichst dicht am Körper. Spannen Sie dabei immer die Bauchmuskeln an, das entlastet die Wirbelsäule. Strecken Sie dann Rumpf und Knie und richten Sie sich auf. Atmen Sie dabei durch den Mund aus, um die Anspannung zu verringern. Sie werden merken, dass Ihre Oberschenkel- und Gesäßmuskeln beim Heben des Gewichts mithelfen und dass Rücken und Arme nicht die ganze Last allein tragen müssen.
Sie sollten niemals schwer heben, wenn nicht beide Füße fest und sicher auf dem Boden stehen. Verteilen Sie Lasten immer gleichmäßig auf beide Arme und heben Sie schwere Gegenstände niemals über den Kopf. Ganz wichtig: Wenn Sie beim Heben merken, dass eine Last zu schwer für Sie ist, dann gibt es nur eins: Sofort fallenlassen! Auch, wenn es sich um einen teuren Terrakotta-Kübel handelt – Ihr Rücken sollte Ihnen in jedem Fall wertvoller sein als ein Ding, das sich mit Geld ersetzen lässt!

Frau Walter hat sich die richtige Haltung angewöhnt: Beim Wasserschöpfen hält sie die Arme dicht am Körper und den Rücken möglichst aufrecht.

In die Hocke

Säen, Pflanzen, Jäten, Ernten – viele Arbeiten im Garten werden in Bodennähe ausgeführt. Wenn man keine langstieligen Geräte dafür benutzen kann, muss man sich zwangsläufig nach unten begeben. Beim Hocken kommt es darauf an, dass der Rücken relativ gerade und das Gesäß dicht über dem Boden bleibt. Wenn das für Sie unbequem ist, können Sie sich mit einem Knie auf dem Boden abstützen. Wichtig: Halten Sie die hockende oder kauernde Haltung nicht über längere Zeit ein. Richten Sie sich zwischendrin immer mal wieder auf und schütteln Sie Ihre Beine aus, um die verspannten Knie zu lockern und die Blutzirkulation in den Beinen anzuregen.

Mit Aufwärmen: Morgens bin ich meist noch etwas steif und tue mich schwer mit körperlich anstrengenden Arbeiten. Das ist ganz normal und geht den meisten Menschen so. Deshalb mein Tipp: Verlegen Sie schwere Gartenarbeiten auf die Zeit des Tages, zu der Sie sich am fittesten und beweglichsten fühlen. Mir persönlich hilft vor körperlich anstrengenden Arbeiten auch ein kurzes Aufwärmen, wie es Sportler vor dem Training machen: 3–4 Minuten auf der Stelle laufen und die Arme dabei schwingen. Das wärmt die Muskeln und schmiert die Gelenke – ich fühle mich danach deutlich beweglicher.

Und zwischendurch immer mal wieder Pausen machen …

Bodenbearbeitung auf die sanfte Art

Links: Statt im Schweiße seines Angesichts den Boden umzugraben, lockert Herr Walter ihn jetzt bequem mit der Grabegabel.

Rechts: Das Einsäen bestimmter Pflanzen zur Gründüngung, etwa Büschelschön (*Phacelia*), hilft bei der Bodenlockerung.

Es gibt wirklich keinen Grund, alles im Garten auf die gleiche Weise zu machen wie unsere Großeltern. Heutzutage stehen uns glücklicherweise viele moderne Gartengeräte und alternative Arbeitsmethoden zur Verfügung, die uns die Arbeit erleichtern.

Es geht auch ohne Umgraben

Das Umgraben des Bodens gehört mit zu den anstrengendsten Gartenarbeiten. Früher galt es als unverzichtbar, um die Fruchtbarkeit zu erhalten. Einige Gärtner schwören zwar noch immer auf das herbstliche Umgraben der Beete, andere haben jedoch alternative Methoden der Bodenbearbeitung für sich entdeckt, die weniger körperlichen Einsatz erfordern. Solche Methoden schonen zudem die Mikroflora und -fauna des Bodens.

Grabegabel und Sauzahn

Zwei Gartengeräte eignen sich besonders gut, um das Umgraben mit dem Spaten zu ersetzen: Die Grabegabel und der Sauzahn. Die ideale Grabegabel ist aus festem Edelstahl geschmiedet, hat vier Zinken und einen stabilen Holzstiel mit praktischem T-Griff. Sie eignet sich sowohl zum Umgraben, Lockern und Lüften des Bodens als auch zum schonenden Ausgraben von Gewächsen beim Umpflanzen.
Der Sauzahn, auch Tiefenlüfter oder Kultivator genannt, hat einen sichelförmigen Zinken aus festem Edelstahl mit abgeplatteter Spitze, der an einem stabilen Stiel befestigt ist. Mit dem Sauzahn lockern Sie den Boden schonend, ohne die Schichten durcheinanderzubringen. Außerdem können Sie damit

Wer sagt, dass man nicht auch im Alter noch dazulernen kann?

Kompost oder Dünger oberflächig einarbeiten. Mein Tipp: Ein Handgriff zum Anschrauben aus dem Gartenfachhandel erleichtert die Arbeit mit dem Sauzahn erheblich.

Mulchen lohnt sich

Eine dünne Mulchschicht aus abgeschnittenen Staudenstängeln und -blättern, Laub oder Rasenschnitt schützt den Boden vor dem Austrocknen und bei Regen vor Verschlämmung; der Boden verkrustet nicht und Unkraut wird unterdrückt. Dadurch wird Hacken überflüssig. Außerdem fördert Mulch die Bildung der Humusschicht, denn er aktiviert die Bodenflora und -fauna und macht den Boden somit fruchtbarer.
Mulchen können Sie das ganze Jahr. Vor dem Ausbringen lockern Sie den Boden mit Grabegabel oder Sauzahn und entfernen alle Unkräuter mitsamt den Wurzeln. Bringen Sie das Mulchmaterial zerkleinert und angewelkt in einer wenige Zentimeter dicken Schicht aus, damit die Luft zirkulieren kann und sich weder Schimmel noch Fäulnis bilden. Das regelmäßige Nachstreuen von organischem Material erhält die langsam in sich zusammensinkende Schicht. Falls Sie allerdings wie ich Probleme mit Nacktschnecken haben, verzichten Sie im Frühjahr besser auf das Mulchen, da die Schnecken dort gern ihre Eier ablegen. Im Sommer und Herbst mulche ich jedoch meinen Garten wieder.

Mit Rhabarberblättern kann man ebenfalls mulchen.

Sie können die Folie auch mit Erde abdecken, dann sieht es schöner aus.

Dem Unkraut das Leben schwer machen

Das Abdecken des Bodens mit Folien oder Vlies unterdrückt das Aufkommen von Unkräutern und hält die Feuchtigkeit im Boden. Der Handel bietet für diesen Zweck verschiedene Materialien an, darunter auch Loch- und Schlitzfolien, in deren Schlitze zum Beispiel die Gemüsepflanzen gesetzt werden. Bewährt hat sich spezielles Unkrautvlies aus dem Gartenfachhandel. Es ist atmungsaktiv, lässt Wasser und Nährstoffe durch, ist aber undurchdringbar für Unkräuter und kommt unter Hecken, bei Baumscheiben, Rosen- und Erdbeerbeeten und Gartenwegen zum Einsatz. Vor dem Ausbringen bereiten Sie den Boden wie beim Mulchen vor. Das ausgelegte Vlies können Sie mit einer dünnen Schicht Erde bedecken, bei Gartenwegen können Sie stattdessen auch Kies oder Rindenmulch wählen. Unkräuter, deren Samen der Wind herangeweht hat, sind leicht auszuzupfen, da sie nur oberhalb der Folie wurzeln können.

Umgraben war gestern: Nachdem es mit dem Herz nicht mehr so gut steht, hat Wolfgang Walter beschlossen, die Beete nicht jede Saison umzugraben. Das ist auch nicht mehr nötig. Er benutzt zur Lockerung des Bodens inzwischen eine spezielle Grabegabel: Durch den besonders breiten, T-förmigen Griff ist sie einfach und mit beiden Händen zu handhaben. Die leicht gedrehten Zinken der Gabel werden tief in die Erde gedrückt. Durch eine halbe Umdrehung des Stiels wird der Boden fast ohne Mühe gelockert, ohne das Bodenleben durcheinander zu bringen.

MULCHEN TUT DEM BODEN GUT

Zum Mulchen eignen sich folgende Materialien:

- Grasschnitt
- Rindenmulch und -schrot
- Stroh und Späne von unbehandelten Hölzern
- Herbstlaub
- Halbreifer Kompost
- Gejätete Unkräuter ohne Samenansätze (keine Wurzelunkräuter wie Giersch)
- Blätter von Brennnesseln, Beinwell oder Tomaten
- Pappe und Papier, möglichst unbedruckt

Geliebter Pflanztisch

Der Pflanztisch des Ehepaars Walter ist ein gut eingerichteter Arbeitsplatz, der viele Handgriffe erleichtert. Er bietet Platz für all die kleinen Handwerkszeuge, die Wolfgang und Gerlinde Walter im Gartenalltag brauchen. Das entspannte Arbeiten am Pflanztisch erleichtert das Umtopfen, Pikieren und andere Handgriffe – die Walters müssen sich weniger oft bücken. Im Handel befindliche Modelle leisten gute Dienste, aber Wolfgang Walter hat seinen Pflanztisch aus ein paar Brettern und Vierkanthölzern selbst zusammengeschraubt. Ein Anstrich mit ungiftigem Holzschutzmittel macht ihn wetterfest. So ist natürlich eine ganz besondere Beziehung zu dem geliebten Gartenmöbel entstanden.

Ein Steckling auf dem Weg in den Topf.

Völlig in der Arbeit versunken …

Manchmal ist der Zufall ein hervorragender Gärtner!

Prioritäten setzen

Damit die Gartenarbeit Spaß macht, darf sie nicht zur körperlichen Herausforderung werden oder gar in Stress ausarten. Teilen Sie die Arbeiten deshalb gemäß der eigenen Ressourcen ein – Rom ist schließlich auch nicht an einem Tag erbaut worden!

Erstens, zweitens, drittens ...

Wenn sich die Pflichten im Garten häufen, wird es Zeit, Prioritäten zu setzen. Stellen Sie fest, dass immer dieselben Aufgaben Probleme machen? Dann fragen Sie sich, welchen Stellenwert diese Arbeiten im Gesamtkonzept Ihres Gartens haben. Nichts spricht dagegen, alte Gepflogenheiten aufzugeben, sich eine neue Sicht der Dinge anzueignen und auf das eine oder andere Element zu verzichten. Bei mir war es vor allem der Nutzgarten, der mir zu viel wurde – nicht nur der Anbau von Obst und Gemüse selbst, sondern vor allem die Verarbeitung und Konservierung der Ernte. Wenn ich nach der befriedigenden Gartenarbeit abends erschöpft, aber glücklich ins Haus kam, hatte ich einfach keine Lust und Energie mehr, bis spät in die Nacht Konfitüre einzukochen oder etliche Kilogramm grüne Bohnen für das Einfrieren zu schnippeln und zu blanchieren.

Wunder erleben

Manchmal wird Bequemlichkeit belohnt: In einem Haufen vergessenen Gehölzschnitts unter einer Strauchrabatte brütete im letzten Sommer ein Zaunkönig.

Teilen Sie die anfallenden Arbeiten sinnvoll ein und überlassen Sie auch mal etwas dem Zufall. Oft ist der gar kein schlechter Gärtner, wie ich immer wieder feststelle. Selbstverständlich sorge ich für meine Pflanzen, lasse sie bei Trockenheit nicht dursten und achte auch sonst darauf, wichtige Pflegearbeiten möglichst regelmäßig anzupacken. Aber man kann es mit der Ordnung im Garten auch übertreiben. Wenn die Zeit nicht reicht oder meine Batterien mal leer sind, kann ich auch über kleine Schwachstellen hinwegsehen. Weil ich mit dem Unkrautjäten nachlässig war, haben sich Veilchen, Nachtviolen und Vergissmeinnicht an Stellen angesiedelt, wo sie wunderhübsch aussehen, wo ich sie aber nie gepflanzt hätte. Kleine Wunder im Garten, die nur möglich sind, wenn man entspannter gärtnert!

Gelassenheit üben

Folgen Sie bei der Arbeit Ihrem eigenen Rhythmus und setzen Sie sich nicht unter Zeit- oder Erfolgsdruck. Wenn Sie Aufgaben mit einer positiven Grundeinstellung und einer gewissen Gelassenheit angehen, lassen sie sich leichter bewältigen. Freuen Sie sich auch über kleine Erfolge, denn jede erledigte Arbeit ist ein weiterer Schritt hin zum erwünschten Ergebnis. Es ist in jedem Fall besser, täglich einige kleine Handgriffe zu erledigen, als zu versuchen, einen Riesenberg an liegen gebliebenen Arbeiten auf einmal wegzuschaffen

Wolfgang Walter hält viel von Gartenpflege, aber er macht sich nicht verrückt. Auch kleine Schritte führen zum Erfolg.

(siehe auch Seite 20). Letzteres überfordert Sie und verhindert im schlimmsten Fall sogar, dass Sie überhaupt anfangen. Viele Pflegehandgriffe im Garten machen übrigens weniger Mühe, wenn sie regelmäßig gemacht werden. Dazu gehören Rasenmähen, Unkrautjäten, das Ausputzen von Verblühtem und das Aufbinden von Stauden. Es ist nun mal leichter, einen kurzen Rasen zu mähen als eine kniehoch zugewucherte Wiese.
Dann baut sich auch kein Druck auf. Die Arbeiten werden nicht als große körperliche Herausforderung empfunden und Ihr Garten sieht immer gepflegt aus, wenn auch vielleicht nicht perfekt. Aber was ist schon perfekt in einem lebendigen Gefüge, wie es ein Garten von Natur aus nun einmal ist?

Nur kein Herbststress! Im Herbst ist meist viel zu tun: Blumenzwiebeln eingraben, Stauden zurückschneiden und das Laub vom Rasen und den Wegen kehren. Gleichzeitig sollen die Kübelpflanzen noch vor dem ersten Frost ins Winterquartier umziehen und dann steht da auch noch der Gehölzschnitt an – und das alles oft bei richtigem Schmuddelwetter. Statt in wilden Aktionismus zu verfallen, mache ich mir deshalb eine Prioritätenliste für die anstehenden Arbeiten und plane Puffer ein. So muss ich bei schlechtem Wetter nicht raus und kann für die Arbeit die goldenen Herbsttage nutzen.

MEDITATIVE KONZENTRATION

Manche Gartenarbeiten, besonders das Zusammenkehren von Laub- oder Rasenschnitt mit dem Fächerbesen, werden in rhythmischen Bewegungen ausgeführt und können dadurch einen fast meditativen Charakter haben. Ähnlich wirkt die Konzentration auf eine Tätigkeit, etwa Unkrautjäten oder das Verziehen von Möhrensämlingen. Diese meditative Konzentration auf eine Arbeit nennt man auch „Flow“. Viele vergessen dabei die Zeit, die Mühen der Arbeit – und die Alltagssorgen gleich mit. Voraussetzung ist allerdings, dass Sie sich nicht unter Zeitdruck setzen.

Genießen nicht vergessen

Nach der Arbeit kommt das Vergnügen: Wenn Sie Ihren Garten entrümpelt, verschlankt und Ihren Bedürfnissen angepasst haben, wird es Zeit, dass Sie ihn genießen und sich entspannen!

Ich erlebe meinen Garten eigentlich jeden Tag neu und genieße ihn möglichst mit allen Sinnen. Das beginnt schon beim morgendlichen Rundgang, indem ich mich an den warmen Sonnenstrahlen und dem Zwitschern der Vögel erfreue. Im Winter bewundere ich die Gräser, die vom Raureif zu filigranen Gebilden verzaubert wurden. Wann immer das Wetter es zulässt, werkele ich hier ein bisschen, dort ein bisschen. Zwischendrin muss immer mal eine Pause sein. Dann suche ich mir, je nach Jahres- und Tageszeit, ein sonniges oder schattiges Fleckchen zum Ausruhen. Ganz abschalten kann ich im Garten aber eigentlich nie, denn dort gibt es überall so viel zu sehen, zu hören und zu riechen. Ständig werde ich durch neue Sinneseindrücke angeregt. Und dann gibt es da ja auch immer noch die eine oder andere Kleinigkeit zu tun – hier ein paar welke Blüten ausschneiden oder dort ein Unkraut aus dem Rasen zupfen …

Dennoch versuche ich, zu bestimmten Zeiten die Arbeit einfach zu ignorieren und den Garten bewusst zu genießen. Das gelingt mir besonders gut am Abend, wenn die Rosen ausgeputzt, die Kübelpflanzen gewässert sind und es sich ohnehin nicht mehr lohnt, mit größeren Arbeiten anzufangen. Ganz besondere Momente sind die Abendessen mit lieben Freunden im Garten. Es ist herrlich, sich nach einem köstlichen Mahl im Freien satt und zufrieden zurückzulehnen, zu erleben, wie sich die Farben mit dem nachlassenden Tageslicht verändern und sich schließlich die Dunkelheit wie eine schützende Decke über weite Teile des Gartens legt. Nur wir umeinander hockende Gartenfreunde mit unserem Windlicht auf dem Tisch bilden dann eine kleine, goldene Insel in einem verwunschenen Traumland!

Gärtnern ist gesund

Einfach mal blaumachen – dafür ist der Garten der ideale Ort.

Gartengenuss und Gärtnern fördern das Wohlbefinden, halten Körper und Geist wach und beweglich. Blumige Düfte, Vogelgezwitscher, eine leichte Brise auf der Haut – durch die Vielzahl an Reizen werden bei der Arbeit im Grünen alle Sinne gefordert und gefördert.

Mit Pausen und Abwechslung

Wenn ich gefragt werde, ob ich Sport mache, pflege ich zu antworten: „Nein, ich habe einen Garten!“ Tatsächlich treibe ich kaum Sport, mal abgesehen von gelegentlichen Fahrrad- und Wandertouren – und bin trotzdem relativ fit. Mein Quantum an Bewegung bekomme ich bei der Gartenarbeit. Bücken, Strecken, Laufen und Heben, auf allen Vieren unter irgendwelchen Sträuchern herumkriechen – über einen Mangel an Bewegung braucht sich kein Gärtner zu beklagen. Irgendwie ist das ja Körperertüchtigung auf ganzer Linie, hält beweglich und fördert die Ausdauer. Gärtnern ist wirklich gesund. Natürlich nur, wenn man es regelmäßig betreibt und nicht nur anfallartig alle paar Wochen. Ich versuche, in der Saison möglichst täglich ein bis zwei Stunden im Garten zu arbeiten, um im Training zu bleiben und den Garten in Schuss zu halten. Im Winter reduziere ich die Gartenarbeit auf das Nötigste und wähle dafür Schönwettertage, um mir bei nasskaltem Wetter keine Erkältung einzufangen. Im Frühjahr, wenn ein neues Gartenjahr beginnt, fange ich zunächst langsam an und steigere die Aktivitäten nach und nach. So bleiben mir Rückenschmerzen und Muskelkater meistens erspart.

Jeden Tag etwas körperliche Betätigung im Garten: Gerlinde Walter streckt sich nach 'Blauhilde', eine Stangenbohnensorte mit violetten Hülsen. Gleich wird sie noch Bohnenkraut pflücken. Dazu muss sie in die Hocke gehen.

Übertreiben Sie es nicht, legen Sie immer mal wieder eine Pause ein und achten Sie auf abwechslungsreiche Tätigkeiten. Machen Sie einfach zwischen dem Unkrautjäten etwas anderes, binden Sie Stauden hoch, schneiden Sie Verblühtes ab oder ernten Sie ein paar Früchte – es gibt im Garten immer genug zu tun. So bekommt die Gartenarbeit etwas Spielerisches und verliert ihren Pflichtcharakter.

Gärtnern heilt die Seele

Meiner Meinung nach wird viel zu selten darauf hingewiesen, dass Gärtnern, ja schon allein der Aufenthalt im Garten, Balsam für die Seele ist. Wenn es mir nicht gut geht, wenn wieder einmal dunkle Wolken die Seele verschatten, dann gehe ich in den Garten. Das hilft mir in den meisten Fällen. In der Natur nehme ich mich und meine Sorgen, Ängste und Nöte nicht mehr so wichtig. Ich begreife mich eher als Teil von einem großen Ganzen und fühle mich weniger ausgesetzt. Bei konzentrierten Arbeiten wie Unkrautjäten oder dem Rosenschnitt schalte ich das Grübeln ab und weiß dann oft gar nicht, was da in mir geschieht. Aber ich finde schon nach kurzer Zeit innere Ruhe und kann die dunklen Wolken weiterziehen lassen. Und wenn ich dann später sehe, was ich mit meinen Händen geschafft habe, gibt mir das zusätzlich eine tiefe Befriedigung.

Die Sinne schärfen

Gartenarbeit hilft auch, die Sinne wach zu halten oder sogar zu schärfen. Im Unterschied zum Aufenthalt in den vier Wänden gibt es in der Natur so viele anregende Reize, die auf uns einwirken: Die Düfte von Erde, Blüten oder moderndem Holz, das Rascheln von Laub, der Gesang der Vögel, das Zirpen von Insekten und die vielen Farben und Formen der Pflanzen. Nicht zu vergessen das taktile Erleben der Umwelt. Wann haben sie das letzte Mal die Augen geschlossen und die Rinde eines Baums mit den Fingerspitzen erkundet?

Erntegymnastik: Frau Walter bleibt beim Gärtnern immer in Bewegung. Im Lauf eines Gartentages führt sie zahlreiche gymnastische Übungen aus, ohne dass sie sich dessen bewusst ist. Dennoch tut sie damit etwas für ihre Fitness. Denn durch Strecken, Bücken, Laufen und andere Bewegungen bei der Gartenarbeit erhält sie sich ihre Beweglichkeit.

FIT ALLEIN DURCH GARTENARBEIT?

Viele Hobbygärtner glauben, dass sie allein schon durch die Gartenarbeit fit und gesund bleiben. Doch wissenschaftliche Untersuchungen haben ergeben, dass man sich im Garten völlig verausgaben kann, aber trotzdem nicht wirklich durchtrainiert ist. Verantwortlich dafür sind oft Über- und Fehlbelastungen einzelner Körperbereiche. Achten Sie daher auf ausgeglichene Bewegungen und vermeiden Sie einseitige Belastungen, wie sie etwa durch die ständige Wiederholung der gleichen Arbeitsabläufe entstehen. Es kann auch nichts schaden, zusätzlich Herz und Kreislauf durch gezieltes Training zu stärken.

Zehn Minuten Pause

Stellen Sie den Laubbesen mal in die Ecke! Eine kurze Auszeit wirkt Wunder.

Gönnen Sie sich Pausen bei der Gartenarbeit und genießen Sie Ihren Garten! Ein paar Lockerungsübungen, eine Tasse Tee oder einfach mal das Ausstrecken auf der Gartenliege – schon wenige Minuten helfen bei der Regeneration.

Ganz ohne Druck

Sie kennen das Phänomen nur zu gut: Das Vorhaben, heute mal alle Pflichten zu ignorieren und den Garten einfach nur zu genießen – und dann sehen Sie hier eine welke Rosenblüte, dort ein Unkraut, und die hängenden Blätter der Hortensie im Kübel signalisieren: „Ich habe Durst!“ Irgendwann schauen Sie dann auf die Uhr und stellen überrascht fest, dass schon wieder zwei Stunden vergangen sind. Die Hände sind schmutzig, der Rücken schmerzt und alles ist wie so oft: Statt zu Faulenzen haben Sie mehr gearbeitet, als ursprünglich gedacht. Oft genug vergessen wir einfach, den Garten als solchen zu genießen und uns über das bisher Erreichte zu freuen, statt immer neue Herausforderungen zu suchen. Und übrigens: Den perfekten Garten gibt es nur in der Fantasie – und auf den Fotos in Hochglanz-Gartenmagazinen. Sie können viel mehr erreichen, wenn Sie sich nicht ständig selbst unter Druck setzen. Unter Stress unterlaufen Ihnen viel mehr Fehler, als wenn Sie die Sache in aller Ruhe angehen. Und die Arbeit im Garten macht auch wesentlich mehr Freude, wenn Sie gelassen ans Werk gehen. Was Sie heute nicht schaffen, das wird morgen auch noch da sein und kann dann mit neuer Kraft bewältigt werden. Und vielleicht fühlen Sie sich anderntags sogar agiler und das Wetter ist auch besser. Also bloß keinen Stress machen – die Arbeit läuft nicht weg!

ZUM ENTSPANNEN

Beim Gärtnern nehmen wir mitunter die akrobatischsten Haltungen ein. Knien, Bücken, mit den Händen arbeiten – rasch bilden sich Verkrampfungen. Kleine Lockerungsübungen in einer Arbeitspause wirken dem entgegen! Stehen Sie zwischen dem Jäten oder anderen Arbeiten mit den Händen öfter mal auf und schütteln Sie Ihre Hände aus. Oder strecken Sie Ihre Arme mit verschränkten Fingern in Brusthöhe aus und drücken Sie die Handflächen nach vorn. Nach längerer Arbeit am Boden sollten Sie eine Übung zur Rückendehnung machen, etwa auf allen Viere gehen und „katzbuckeln“. Das hilft wirklich!

Die Batterien aufladen

Kleine Pausen bei der Arbeit bieten die Gelegenheit, wieder aufzutanken. Es klingt zwar paradox, aber tatsächlich können Sie mehr Aufgaben bewältigen, wenn Sie diese portionsweise erledigen. Schon ein Viertelstündchen Pause reicht aus, um neue Kraft zu schöpfen. Sie kennen das vielleicht aus dem Berufsleben: Andauernder Stress und immer neue Pflichten häufen sich zu einem Berg auf. Irgendwann genügt ein kleiner Auslöser, um eine Lawine ins Rollen zu bringen, die in einem Zustand völliger Erschöpfung endet. Und dann geht gar nichts mehr. Also ist es besser, wenn Sie rechtzeitig die Notbremse ziehen und einfach mal loslassen. Gärtnern ist kein Leistungssport, sondern sollte immer ein Vergnügen für die Freizeit bleiben.

Sie müssen im Garten keine Goldmedaille erringen, Sie sollen sich einfach nur wohlfühlen.

Wenn die wichtigsten Arbeiten erledigt sind, nehmen sich die Walters Zeit füreinander – wie der Garten braucht auch eine Partnerschaft Pflege.

Die Kniewiege: Wenn ich mir mal wieder zu viel zugemutet habe und völlig fertig nach der Gartenarbeit ins Haus komme, hilft mir die Kniewiege, wieder auf die Beine zu kommen und den Rücken zu entspannen. Dazu lege ich mich auf einem weichen Teppich auf den Rücken, ziehe beide Knie zur Brust und umfasse die Unterschenkel etwas unterhalb der Knie mit beiden Händen. Dann spanne ich die Bauchmuskeln an und bringe die Knie langsam schaukelnd zu den Schultern. Im Kreuz spüre ich eine angenehme Dehnung. Ich schaukele so lange, bis ich eine Entspannung der Rückenmuskeln spüre.

Ein Ambiente zum Wohlfühlen

Machen Sie es sich gemütlich! Sitzplätze und Ruheoasen im Garten werden durch gemütliche Gartenmöbel, bepflanzte Kübel, Topfpflanzen und individuelle Accessoires erst richtig schön.

So werden Sitzplätze schöner

Ganz gleich, ob es sich um eine Bank, einen bequemen Liegestuhl oder um einen großen Sitzplatz im Freien handelt, an dem Sie sich mit Ihren Lieben zum gemeinsamen Essen und Feiern treffen – Sitzplätze werden erst durch das richtige Mobiliar und ein paar schmückende Accessoires richtig gemütlich. Wählen Sie Gartenmöbel nicht nur nach dem Aussehen, sondern auch nach der Funktionalität aus. Sie sollten bequem und wetterfest sein. Bei Sesseln und Liegestühlen werden Sie es zu schätzen wissen, wenn sich die Rückenlehne möglichst einfach der Sitzposition anpassen lässt. Ein abnehmbares Fußteil gestattet bei Bedarf ein entspanntes Schläfchen im Garten.
Ein weiterer wichtiger Aspekt ist das Gewicht. Die meisten Gartenmöbel müssen im Winter geschützt vor Frost und Nässe im Haus oder Schuppen untergebracht werden. Schwere Holzmöbel aus- und einzuräumen kann zur Belastung werden. Nur Gartenmöbel aus Teak und anderen beständigen Tropenhölzern sowie Möbel aus Edelstahl und Aluminium können im Freien überwintern, ohne Schaden zu nehmen. Wenig Gewicht haben Gartenmöbel aus Kunststoff oder Aluminiumrohr. Letztere sind meist mit Textilgeflecht bespannt. Bei knappem Stauraum sind Klappmöbel eine ideale Lösung.
Mein Schnäppchen-Tipp: Zum Saisonende im Spätsommer räumen viele Möbelhändler ihre Lager, um die Ware nicht über Winter einlagern zu müssen. Dann bekommt man auch edle Gartenmöbel oft zu deutlich reduzierten Preisen. Bei der Anschaffung einer ganzen Garnitur mit Tisch und vier bis sechs Stühlen können Sie dann viel Geld sparen.

Grillspaß und Partyfreuden

Es gibt kaum etwas Schöneres, als mit der Familie und Freunden am Gartengrill zusammenzusitzen und stundenlang zu plaudern, zu schlemmen und zu vorgerückter Stunde in den Sternenhimmel zu schauen. Es gibt mobile Gartengrills mit Rädern, die sich mühelos hin- und herschieben lassen. Eine praktische Alternative zum Holzkohlegrill ist eine fest gemauerte Grillstelle. Die können Sie auch als Wärmequelle nutzen, wenn die Nächte bereits etwas kühler werden. Zum Aufwärmen an kühlen Abenden eignet sich auch ein Feuerkorb aus Metall, der zusätzlich Lagerfeuerromantik verbreitet. Achten Sie beim Aufstellen aber darauf, dass sich nichts Brennbares in unmittelbarer Nähe befindet. Wenn Sie sich für einen mit Gas betriebenen Grill entscheiden, sparen Sie sich das Hantieren mit schmutziger Holzkohle und später das Beseitigen der Asche. Die Nachbarn werden Ihnen die Entscheidung für einen Gasgrill übrigens danken, da die Grillgerüche im Vergleich zum Holzkohlegrill deutlich geringer sind.

HOLZMÖBEL MIT FSC-ZERTIFIKAT

Kaufen Sie Holzmöbel bitte nur mit dem FSC-Zertifikat. Die 1993 gegründete, unabhängige und gemeinnützige Organisation FSC (Forest Stewardship Council) setzt Standards für eine verantwortliche Waldbewirtschaftung. Dies dient der weltweiten Förderung einer umweltfreundlichen Bewirtschaftung von Wäldern zum Wohle heutiger und zukünftiger Generationen. Besonders wichtig ist das FSC-Zertifikat bei Möbeln aus Tropenhölzern wie Teak, Eukalyptus oder Yellow Balau („Bangkirai"), denn gerade in tropischen Regenwäldern wird viel Raubbau an der Natur betrieben.

Auch wenn Sie keinen Park, sondern nur ein kleines Gärtchen besitzen: Eine Lichterkette mit Lampions, zwischen Bäume und die Garagenwand gespannt, schafft eine fröhlich bunte Atmosphäre.

Abendliche Beleuchtung

Damit Wege im Dunklen nicht zur Stolperfalle werden, können Sie Solarleuchten mit Erdspießen am Wegrand stecken. Die haben den Vorteil, dass Sie keine Elektrokabel verlegen müssen, allerdings ist bei vielen die Lichtausbeute eher bescheiden. Wenn Sie die Abende oft draußen verbringen, lohnt sich die Installation einer elektrischen Gartenbeleuchtung. Die eignet sich übrigens auch hervorragend, um den Garten bei Dunkelheit in Szene zu setzen, selbst wenn Sie das Spektakel nur vom Wohnzimmerfenster aus betrachten.

Die Grillsaison ist eröffnet. Gerlinde und Wolfgang Walter haben ihren rustikalen Grill mit der Unterstützung von Freunden in einer Wochenendaktion selbst gemauert. Er ist nicht weit von der Gartenhütte entfernt, sodass man Steaks und Würstchen von dort im Auge behalten kann.

Zeit für etwas Neues

Wenn Sie ein Faible fürs Dekorieren und Inszenieren haben, dann lassen Sie Ihrer Fantasie freien Lauf – vorausgesetzt, dass damit nicht zu viele Pflegearbeiten verbunden sind.

Füllen Sie den Garten mit Leben! Statt immer nur zu arbeiten, können Sie ihn als einen Ort erleben, an dem Sie entspannen, mit der Seele baumeln oder Ihren Hobbys nachgehen können.

Neue Hobbys

Wenn Sie lästige Zeiträuber eliminiert und Ihren Garten pflegeleichter gestaltet haben, können Sie die gewonnene Zeit für neue Hobbys nutzen. Meditation, leichte Gymnastik, Tai Chi, Qi Gong und Yoga wirken harmonisierend und entspannend. Oder vielleicht möchten Sie Ihre Freizeit lieber mit Lesen, Rätseln, Zeichnen und Malen oder Blumenbinden verbringen. Es ist nie zu spät, die eigene Kreativität zu entdecken. Blüten, Blätter und Früchte sind wunderbare Motive für angehende Hobbymaler. Lassen Sie sich von Ihrem Garten zu Stillleben oder Pflanzenporträts inspirieren. Wenn Sie sich den Umgang mit Farben und Stiften nicht zutrauen, dann versuchen Sie doch einfach, ihre Lieblingspflanzen mit der Kamera einzufangen. Auch für die Beschäftigung mit Botanik ist der Garten ein idealer Ort. Das Bestimmen von Wildkräutern ist eine interessante Beschäftigung. So kann es beispielsweise nicht schaden, wenn Sie wissen, welche Pflanzen sich in Ihrem Garten ganz von selbst ansiedeln. Vielleicht ist sogar der eine oder andere Schatz darunter, den Sie ansonsten wider besseres Wissen ausgezupft hätten.

Links: Nistkästen aus Holz können Sie auch selbst bauen und bunt bemalen.

Rechts: Manch einer entdeckt das Sammeln von Miniatur-Funkien (Hosta) für sich. Zahlreichen Töpfe können auf Tischen, in Regalen und auf der Terrasse präsentiert werden.

Nach der Pflicht kommt die Kür

Ohne drängende Pflichten macht die Arbeit im Garten wieder mehr Spaß. Warum nicht einen kleinen Kräutergarten mit ausgefallenen Arten anlegen oder sich an die Kunst des Formschnitts wagen? Zu Kugeln, Pyramiden oder kunstvollen Figuren getrimmte Formschnittgehölze aus Buchsbaum oder Eibe sehen hübsch aus und setzen Akzente im Garten.
Die Beschäftigung mit Bonsai ist ebenfalls ein interessantes und befriedigendes Hobby. Die kunstvoll geformten Zwergbäume können sogar im Sitzen oder vom Rollstuhl aus erzogen und gepflegt werden. Ein Tipp für alle Balkongärtner: Mit Bonsais können Sie selbst auf kleinstem Raum einen Garten gestalten!

Klassiker der Entspannung

Es gibt zahlreiche Entspannungsmethoden, die sich hervorragend im Garten praktizieren lassen und die beim Abbau von Stress und Verspannungen helfen. Dazu zählen Tai Chi, Qi Gong und Yoga. Neben diesen asiatischen Entspannungsklassikern bietet sich auch die Feldenkrais-Technik an. Die von Moshe Feldenkrais entwickelte Methode verbessert die Kommunikation zwischen Körper und Gehirn. Dies ist insbesondere für nicht mehr ganz junge Menschen wichtig, um geistig und körperlich agil zu bleiben. Für keine dieser Methoden müssen Sie eine besondere körperliche Fitness haben – und Sie brauchen auch kein spezielles Zubehör. Tai Chi und Qi Gong können Sie stehend auf dem Rasen oder der Terrasse praktizieren. Für die Übungen bei Yoga und Feldenkrais, die man zum Teil im Liegen macht, genügt ein Holzdeck, eine weiche Decke oder eine Matte auf dem Boden.

Tai Chi Chuan: Eine meiner Nachbarinnen praktiziert in ihrem Garten regelmäßig Tai Chi Chuan. Bei dieser aus einer alten chinesischen Kampfsportart entwickelten Methode soll durch langsame, achtsame Körperübungen das innere Gleichgewicht wiedergefunden werden, um zu einer Harmonie von Körper, Geist und Seele zu gelangen. Sie sieht unglaublich elegant und fast schwerelos aus. Und sie wirkt dabei wirklich ausgeglichen, heiter und glücklich. Vielleicht sollte ich das in Deutschland als „Schattenboxen" bezeichnete Training auch mal versuchen?

EINFACH MAL LUFTHOLEN

Ein ganz simples Mittel zur Erleichterung, wenn Sie sich gestresst fühlen, ist: Einfach bewusst tief durchatmen! Schließen Sie die Augen, lassen Sie Arme und Schultern locker hängen und atmen Sie tiefer als gewöhnlich ein. Halten Sie den Atem nicht an, sondern schnaufen Sie in der gleichen Bewegung wieder aus. Dann halten Sie etwa acht Sekunden die Luft an. Danach atmen Sie erneut tief ein und aus. Wiederholen Sie die Atemübung, bis eine spürbare Entspannung und Beruhigung eintritt. Sie werden überrascht sein, wie schnell das wirkt.

Ist es nicht wunderbar, sich eine feste Zeit im Alltag zu reservieren, an dem man sich seiner selbs bewusst werden kann?

Immer dasselbe? Ja bitte!

DÜFTE DURCHZIEHEN DIE NACHT

Für alle Nachtschwärmer ist es besonders reizvoll, wenn es im Garten viele Pflanzen gibt, die in den Abendstunden ihre Düfte verströmen. Hier die besten Kandidaten:

- Engelstrompete (*Brugmanisa suaveolens*)
- Wald-Geißblatt (*Lonicera periclymenum* 'Graham Thomas')
- Eintönige Gladiole (*Gladiolus tristis*)
- Levkoje (*Matthiola longipetala* subsp. ***bicornis***)
- Nachtkerze (*Oenothera biennis*)
- Nachtviole (*Hesperis matronalis*)
- Berg-Tabak (*Nicotiana sylvestris*)
- Zitronen-Taglilie (*Hemerocallis citrina*)

Schaffen Sie sich neue Rituale, um Ihren Garten zu genießen! Ein Morgenspaziergang im taufeuchten Gras, eine nachmittägliche Teestunde im Garten oder nächtliche Streifzüge durch den Garten, vorbei an duftenden Rosenbeeten – Rituale strukturieren den Alltag.

Genuss als Ritual

Es ist vielleicht nicht so ganz einfach, den Garten genießen zu lernen, wenn Sie bisher vor allem im Gemüsebeet den Buckel krumm gemacht und im Kampf gegen das Unkraut Ihre Fingernägel ruiniert haben. Aber es kann auch jeden Tag Genuss sein! Ich habe es mir zur Gewohnheit gemacht, am späten Nachmittag eine Kanne Tee aufzubrühen, ein paar Kekse auf einem Teller anzurichten und „Tea time" im Garten abzuhalten. Gern auch ganz für mich allein. Natürlich nur, wenn das Wetter es zulässt. Dann nehme ich mir die Zeit, auf das bisher Erreichte zurückzublicken, neue Projekte zu schmieden, die Tageszeitung zu lesen oder in einem Gartenbuch zu schmökern. Hin und wieder lade ich auch mal spontan meine Nachbarn ein, wenn sie nebenan herumwerkeln und den Eindruck machen, dass sie eine Pause gebrauchen könnten. Weil es mir zur Gewohnheit geworden ist, nachmittags Tee zu trinken, muss ich keine besonderen Vorbereitungen treffen. Einfach ein paar Tassen mehr auf den Tisch stellen, dann können wir entspannt über den Garten und die Marotten von uns Gärtnern tratschen oder andere Gedanken austauschen.

Frühe Vögel und Nachteulen

Rituale im Garten können aber auch anders aussehen. Manche Menschen sind Frühaufsteher (ich definitiv nicht!). Für solche „frühen Vögel" kann es nichts Schöneres geben, als den Garten im frühen Morgentau zu durchstreifen. Was es da zu sehen und zu erleben gibt? Nun, fragen Sie die „Earlybirds", aber nicht mich! Meine Leidenschaft ist es, vor dem Schlafengehen noch einmal durch den vom Mondschein erhellten Garten zu gehen und an jenen Blüten zu schnuppern, die gerade in der Nacht ihren Duft verschwenderisch preisgeben, etwa Echter Jasmin *(Jasminum officinale)*. Der wächst bei mir wegen seiner geringen Winterhärte vorsichtshalber im Kübel. Wenn ich zu später Stunde meine Nase in die Blüten von Alten Rosen wie 'Fantin Latour', 'Queen of Denmark' oder 'Charles de Mills' stecke, lenkt mich nichts mehr von dem Genuss ihres unbeschreiblichen Dufts ab.

Auch das ist ein schönes Ritual: Stellen Sie sich jedes Wochenende einen Strauß aus dem zusammen, was der Garten gerade hergibt.

Jour fixe im Grünen

Wenn das Wandeln allein im Garten nicht so Ihr Ding ist, dann vielleicht doch eher das Zusammensein mit Familie und Freunden. Passende Rituale sind beispielsweise ein Jour fixe, ein fester Termin, bei dem Sie einmal in der Woche ein gemeinsames Essen mit Freunden im Garten arrangieren. Damit das für Sie nicht in Arbeit ausartet, bringt jeder Gast einen Salat, eine Vorspeise oder ein Dessert mit. Einigen Sie sich im Voraus, wer was macht, dann gibt es keine Dopplungen und keinen Stress.

Rituale im Wandel: Auch die Eheleute Walter haben ihre Rituale im Garten. So ist zum Beispiel das gemeinsame Mittagessen schon seit Jahrzehnten eine feste Tradition. Früher haben die Kinder noch mit um den Tisch gesessen, inzwischen sind sie ausgeflogen und stehen auf eigenen Füßen. Auch gibt es heute – aus Rücksicht auf die Gesundheit – eher Salate und Gemüse statt Fleisch und Wurst. Daran sieht man, dass Rituale sich wandeln können und dennoch Bestand haben.

Die Blüten der Engelstrompete duften am Abend besonders intensiv. Alle Pflanzenteile sind übrigens giftig.

Kreatives aus Blüten und Blättern

Erinnerungen an das vergangene Gartenjahr einfangen – das geht nicht nur mit der Kamera. Trockenfloristik ist wieder ganz aktuell. Wie wäre es zum Beispiel mit einem selbst gebundenen Kranz?

Kränze selber binden

Eine alte Tradition erlebt seit einigen Jahren ein echtes Comeback: Das Binden von Kränzen. Aus natürlichen Materialien gearbeitet halten sie die Erinnerung an die vergangene Gartensaison bis in den Winter hinein lebendig. Selbst gebundene Kränze sind individueller als gekaufte Massenware und machen schon bei der Herstellung Freude. Sie eignen sich als Türschmuck, Tischdekoration oder auch als hübsches Mitbringsel. Der Fantasie sind bei

Ideen für Kränze finden Sie nicht nur an anderer Leute Türen. Lassen Sie sich von Kreationen aus dem Floristikgeschäft oder Zeitschriften inspirieren.

der Gestaltung keine Grenzen gesetzt. Und ist es nicht so schwierig, wie es auf den ersten Blick aussieht. Mit etwas Geschick und Fingerspitzengefühl ist so ein hübscher Kranz in weniger als einer Stunde gemacht. Schöpfen Sie aus der Fülle von Materialien und Anregungen, die Sie in Ihrem Garten finden. Wenn Sie die Grundtechnik beherrschen, fallen ihnen sicher noch tausend Variationen ein. Die beste Zeit für das Sammeln der Materialien ist übrigens der Spätsommer und der Herbst. In diesen Monaten finden Sie die meisten Blüten, Früchte, Zapfen und andere Materialien im eigenen Garten und in der freien Natur.

So geht's los

Jeder Kranz braucht einen Unterbau. Das kann ein Drahtring sein oder ein Ring aus Weidengeflecht, Stroh oder Styropor. Die gibt es fertig im Bastelbedarf oder Baumarkt zu kaufen. Wenn Sie geschickt sind, können Sie einen solchen Unterbau auch selbst aus weichen Zweigen flechten. Einen hellen Unterbau sprühen Sie mit grüner oder brauner Farbe ein, dann blitzt die helle Farbe nicht unter den Dekomaterialien hervor. Blüten, Zapfen und andere Naturmaterialien müssen angedrahtet werden, damit sie auf dem Kranz befestigt werden können. Legen Sie vor Beginn der Bindearbeiten am besten alle Materialien und Werkzeuge griffbereit. So vermeiden Sie häufige Unterbrechungen, weil etwas fehlt. Am besten gelingen Kränze nämlich, wenn sie „in einem Rutsch", also in einem einzigen Arbeitsgang gebunden werden. Ich lege übrigens immer eine Lage Zeitungspapier unter, damit ich nach Abschluss der Arbeiten schneller wieder aufgeräumt und alle Krümel und Blättchen beseitigt habe.

SIE BRAUCHEN:

- Drahtschere oder Kombizange
- Rosenschere für die Zweige
- Haushaltsschere für feinere Arbeiten
- Bindedraht (Blumendraht)
- Kranzrohling aus Weide, Stroh, Draht oder Styropor
- Arbeitshandschuhe
- Frische Zweiglein von Immergrünen, zum Beispiel Lebensbaum (*Thuja*), Tanne, Fichte oder anderen Koniferen, Buchsbaum, Efeu, Mistel, Stechpalme (*Ilex*)
- Schleierkraut
- Nüsse
- Zapfen
- Beeren, zum Beispiel Vogelbeeren, Efeubeeren, Hagebutten
- Trockenblumen, wie Rosen, Lavendel, Hortensien, Immortellen, Strohblumen
- Weitere natürliche Dekomaterialien, wie Zimtstangen, Sternanis, Mohnkapseln, Getreideähren, getrocknete Zitrusscheiben, Zieräpfel, Borke, Moos und Flechten

DEN KRANZ BINDEN

1. Beginnen Sie mit einem einzelnen Zweiglein, das Sie mit Draht auf dem Rohling befestigen. Sie brauchen nur die Oberseite des Kranzes mit Zweigen zu bedecken.

2. Die folgenden Zweige und Blätter befestigen Sie dachziegelartig überlappend, indem Sie den Bindedraht spiralförmig um den Kranz winden, bis er ganz mit Grün bedeckt ist.

3. Zum Schluss können Sie angedrahtete Blüten, Borke, Flechten oder andere Materialien hineinbinden bzw. -stecken. Befestigen Sie einen Aufhänger an der Rückseite.

Köstliches aus dem eigenen Garten

Für die einen ist es bloß Unkraut, den anderen läuft beim Anblick von Rauke, Borretsch und anderen Wildkräutern das Wasser im Mund zusammen.

Menschen, die mit Leidenschaft gärtnern, kochen meist auch gern – und das am liebsten mit dem, was im eigenen Garten wächst. Ein selbst gezaubertes Gericht kann der gelungene Abschluss eines erfüllten Gartentages sein.

Blumiger Genuss

Würzige Kräuter, süßes Obst, knackige Salate und herzhaftes Gemüse aus eigenem Anbau – schön und gut, aber eigentlich wollten wir ja nicht mehr so viel im Nutzgarten anbauen, sondern mehr dem Müßiggang frönen und den Garten auf andere Weise genießen. Kein Problem, denn selbst mit minimalem Arbeitseinsatz und in den kleinsten Gärten findet sich allerlei, mit dem Sie köstliche Kleinigkeiten zubereiten können. Sogar aus den Blüten mancher Wildkräuter wie Löwenzahn, Veilchen oder Gänseblümchen lassen sich aromatische und hübsch anzusehende Gerichte zaubern.
Blüten werden seit Urzeiten nicht nur wegen ihrer Schönheit, sondern auch wegen ihres Duftes und Aromas geschätzt. Bereits die alten Römer veredelten ihre Speisen mit den Blüten von Malven, Nelken, Ringelblumen und Rosen. Und Im Orient schätzte man schon geraume Zeit davor Blüten von Lilien, Chrysanthemen und Orangenbäumen als Delikatesse.

Als essbare Blüten kennen Sie vielleicht nur die kandierten Veilchen und Rosenblätter auf festlichen Torten aus Omas Zeiten. Doch jüngst werden Blüten wieder für die Küche entdeckt. Sie können sie auf vielerlei Weise verwenden: Frisch oder getrocknet, kandiert, in Zucker, Salz, Essig oder Öl eingelegt, als Dekoration oder manche – dank ihres intensiven Aromas – auch als charakteristische Würze.
Obwohl von den Blüten, die in unseren Gärten wachsen, viele essbar sind, gibt es auch einige unbekömmliche und sogar giftige Arten. Damit der Genuss von Blüten ungetrübt bleibt, verwenden Sie bitte nur solche, die Sie sicher als essbar identifizieren können. Dass nur unbehandelte Blüten verwendet werden, also solche, die nicht mit Pflanzenschutzmitteln, Abgasen oder anderen Umweltgiften in Kontakt kamen, sollte selbstverständlich sein.

Schnell und einfach

Jeder ambitionierte Koch weiß, wie wichtig frische, unverfälschte Zutaten für das Gelingen einer Speise sind. Ob Sie dann viel Aufwand mit Pfannen und Töpfen betreiben, ob Sie marinieren, blanchieren, sautieren und was nicht noch alles, oder ob Sie sich auf wenige Handgriffe beschränken, hängt von Ihrem Ehrgeiz ab. Aber aus eigener Erfahrung weiß ich, dass man am Ende eines Gartentages kaum mehr Lust hat, stundenlang in der Küche zu stehen und komplizierte Rezepte nachzukochen. Es muss aber auch nicht die Stulle aus der Hand oder die Suppe aus der Tüte sein. Schnelle Rezepte, die mit wenigen Zutaten auskommen, sind keine Hexerei und können durchaus köstlich und gesund sein.
Viele der auf den folgenden Seiten vorgestellten Rezepte beschränken sich auf das Notwendige und sind schnell und unkompliziert in der Zubereitung. Dies hier ist schließlich kein Kochbuch, sondern ein Leitfaden für das Genießen im Garten – auch der kostbaren Freizeit! Lassen Sie sich daher verführen, das eine oder andere Rezept selbst auszuprobieren. Vielleicht kommen Sie auf den Geschmack und entwickeln ganz neue Variationen mit frischen Zutaten aus Ihrem eigenen Garten.

Gefrostete Blüten: An heißen Sommertagen serviere ich meinen Gästen im Garten gern Erfrischungsgetränke mit Eiswürfeln, in denen ich essbare Blüten eingefroren habe. Dazu fülle ich die Eiswürfelschale zunächst zur Hälfte mit Wasser. Mit einer Pinzette lege ich dann einzelne kleine Blüten (etwa die von Duftpelargonien oder Borretsch) oder Blütenblätter mit möglichst wenig grünen Stielteilen auf das Wasser. Die Schale stelle ich ins Tiefkühlfach, bis das Wasser gefroren ist. Anschließend fülle ich die Eiswürfelfächer vollständig mit Wasser auf und stelle die Schale noch einmal ins Tiefkühlfach.

AUS DEM GARTEN NASCHEN

Kosten Sie einmal die Blütenblätter von:

- Borretsch (*Borago officinalis*)
- Duftpelargonie (*Pelargonium-Arten*)
- Fenchel (*Foeniculum vulgare*)
- Indianernessel (*Monarda-Arten*)
- Lavendel (*Lavandula angustifolia*)
- Nachtkerze (*Oenothera biennis*)
- Nachtviole (*Hesperis matronalis*)
- Roseneibisch (*Hibiscus rosa-sinensis*)
- Salbei (*Salvia officinalis*)
- Schnittlauch (*Allium schoenoprasum*)
- Sonnenblume (*Helianthus annuus*)
- Stockrose (*Alcea rosea*)
- Süßdolde (*Myrrhis odorata*)

Auch die Blütenblätter der Echten Schlüsselblume (*Primula veris*) sind essbar.

Optisch und geschmacklich ein Genuss: Brunnenkressesalat mit Orangen und Ochsenzungenblüten.

ZUTATEN FÜR 4 PERSONEN:

2 kernlose Orangen
1–2 Salatherzen (Romana-Salat)
1 Bund Brunnenkresse
12 Ochsenzungenblüten

FÜR DAS DRESSING:

1 EL Weißweinessig
1 TL Blütenhonig
4 EL Olivenöl Extra Vergine

Brunnenkressesalat mit Orangen und Ochsenzunge

Die Orangen schäle ich mit einem scharfen Messer, schneide sie horizontal in feine Scheiben und arrangiere sie auf einem Teller, gemischt mit den zerlegten Salatherzen. Ich nehme die Salatherzen hinzu, weil mir der scharfe Geschmack der Brunnenkresse sonst etwas zu dominant ist. Die Brunnenkresse wasche ich, zupfe sie in mundgerechte Stücke und lege sie um die Orangenscheiben und die Salatherzen. Die blauen Blüten der Ochsenzunge *(Anchusa)* zupfe ich vorsichtig aus dem grünen Kelch und verteile sie auf dem Salat. Aus Essig, Honig und Öl rühre ich das Dressing zusammen und träufele es anschließend über den Salat. Weil Brunnenkresse sehr würzig ist, braucht man weder Salz noch Pfeffer.

Salat mit bunten Blüten

Die möglichst jungen Kapuzinerkresseblättern wasche ich vorsichtig, ohne sie dabei zu knicken oder zu zerdrücken und lege damit den Rand einer großen Salatschüssel aus. Bevor ich mit den Roten Bete hantiere, ziehe ich dünne Einweg-Handschuhe an. So verhindere ich, dass meine Hände und insbesondere die Fingernägel durch den intensiv roten Saft verfärben. Ich schneide die Bete in möglichst dünne Scheiben, die ich auf den Kapuzinerkresseblättern arrangiere. In die Mitte der Schüssel gebe ich dann den geputzten und in mundgerechte Stücke gezupften Blattsalat. Bevor ich den Salat mit den Kapuzinerkresseblüten und -knospen garniere, entferne ich deren Stiele. Für das Dressing verrühre ich alle Zutaten miteinander und gebe es erst kurz vor dem Servieren über den Salat. Steht der angemachte Salat zu lange, verliert er seinen knackigen Biss. Als Beilage serviere ich knuspriges Baguette.

ZUTATEN FÜR 4 PERSONEN:

12–14 Kapuzinerkresseblätter
100 g gegarte Rote Bete
Gemischter Blattsalat
16 Kapuzinerkresseblüten
4 Kapuzinerkresseknospen

FÜR DAS DRESSING:

1 TL Dijon-Senf
4 EL Oliven- oder Rapsöl
2 TL Weißweinessig
Salz
Frisch gemahlener Pfeffer

Butter mit gemischten Blüten

Für diesen blumigen Brotaufstrich zupfe ich die Salbei- und Borretschblüten von den Kelchen und schneide die Schnittlauchblüten von den Stängeln. Dabei achte ich darauf, möglichst wenig von den grünen Stielen an den Blüten zu belassen. Etwa die Hälfte der Blüten verknete ich mit der weichen Butter und forme daraus walnussgroße Kugeln oder Würfel. Die Butterportionen wälze ich anschließend in den restlichen Blüten. Abgedeckt lasse ich die Blütenbutter 24 Stunden im Kühlschrank stehen. Sie hält sich etwa zwei Wochen im Kühlschrank, Sie können sie aber auch bis zu drei Monate lang einfrieren. Außer aufs Brot können Sie die blumigen Butterportionen auch direkt vor dem Servieren in Tassen mit heißer Suppe gleiten lassen. Das ist äußerst dekorativ und wirklich köstlich.

ZUTATEN:

4 EL gemischte Blüten, zum Beispiel Salbei, Schnittlauch und Borretsch
125 g weiche Butter

Rosenaromen

Nicht alle Rosensorten eignen sich gleichermaßen für die Verwendung in der Küche. Damit Speisen mit Rosenblüten wirklich das unvergleichliche Rosenaroma annehmen, verwenden Sie am besten alte Rosensorten mit intensivem Duft. Bewährt haben sich 'Rosa Mundi', 'Comte de Chambord', 'William Lobb', 'Mme Isaac Pereire', 'Fantin Latour' und 'Louise Odier'. Bei den modernen Sorten sind es vor allem die Englischen Rosen des Züchters David Austin, etwa 'Abraham Darby', 'Evelyn', 'Mary Rose', 'Gertrude Jekyll' und 'Munstead Wood', die mit schwelgerischem Duft und köstlichen Aromen verwöhnen.

Die Englische 'Rose Munstead Wood' ist Augen- und Gaumenschmaus.

Meine Lieblingsblüte: Blattsalate können Sie mit verschiedenen Blüten aufpeppen. Mir schmecken die Blüten der Taglilien *(Hemerocallis)* besonders gut. Sie haben einen gewissen Biss und ein zartes, an Zuckererbsen erinnerndes Aroma mit leicht pfeffrigem Nachgeschmack. Es gibt viele Sorten dieser schönen und unkomplizierten Staude, die in Weiß, Gelb, Rosa, Rot und sogar dunklem Violett blühen. Am häufigsten trifft man auf die orange blühende Form. Entfernen Sie vor der Verwendung unbedingt die Stiele.

Essbare Blüten sind einfach zum Anbeißen!

Servieren Sie Erdbeerbowle mit Rosenblüten am besten gut gekühlt in einem schönen Glasgefäß.

Sommerfrische Durstlöscher

Mit der Familie oder Freunden im Garten sitzen, die Blütenpracht und erfrischende Getränke genießen, einfach mal nichts tun und die Zeit vergessen – so habe ich meinen Garten am liebsten.

Getränke für heiße Tage

Blüten sind flüchtige Wunder der Natur. Umso zarter sollte auch der Genuss sein, den sie uns bescheren. Wo könnten sie sinnlicher und köstlicher Verwendung finden, als in sommerlichen Erfrischungsgetränken? Die nachfolgenden Rezepte sind schon fast Klassiker. Aber wirklich genießen kann sie nur, wer einen Garten und damit die frischen Zutaten zur Hand hat. Und am besten geht das ganz entspannt im Kreis der Menschen, die man am liebsten um sich hat!

ZUTATEN FÜR 4–6 PERSONEN:

1 Tasse gewaschene Rosenblütenblätter ohne Kelch
1 Flasche trockener Roséwein
75 g Wald-Erdbeeren oder halbierte Garten-Erdbeeren
4 EL Wodka
1 Flasche Mineralwasser mit Kohlensäure
Eventuell Zucker

Erdbeerbowle mit Rosenblüten

Wenn Sie diese Erdbeer-Rosenblüten-Bowle bei einer Gartenparty auf den Tisch stellen, werden Ihnen die Komplimente Ihrer Gäste sicher sein. Dekorativ, anregend und voller Aromen – Herz, was willst du mehr?

Damit die Rosenblütenblätter nicht bitter schmecken, schneide ich die weißen Ansätze an der Basis der Blüten ab. Den gekühlten Wein gieße ich in ein hübsches Bowlengefäß aus

Glas und füge dann Rosenblütenblätter, Erdbeeren und den Wodka hinzu. Die Bowle ist rasch zubereitet, muss aber etwa eine Stunde kalt gestellt werden. Vor dem Servieren gieße ich sie mit dem Mineralwasser auf. Wem die Bowle zu herb schmeckt, gibt etwas Zucker hinzu.
Statt Erdbeeren können Sie auch Himbeeren verwenden oder beim Ansatz auf den Wodka verzichten und statt mit Mineralwasser mit einer Flasche trockenem Sekt aufgießen.

Holunderblütensirup

ZUTATEN FÜR 4,5 LITER:
3 kg Zucker
3 l Wasser
3 unbehandelte Zitronen
30 Holunderblüten
2 EL Zitronensäure

Den Zucker koche ich im Wasser auf, bis er völlig gelöst ist. Die Zitronen wasche ich, schneide sie mit der Schale in Scheiben und gebe sie in eine große Schüssel. Um eventuelle tierische Gäste zu vertreiben, schüttele ich die Holunderblüten gründlich ab. Keinesfalls die Blüten waschen, denn dann geht das Aroma verloren! Danach gebe ich sie mit der Zitronensäure zu den Zitronen in die Schüssel. Inzwischen ist das Zuckerwasser soweit abgekühlt, dass es nur noch handwarm ist. Ich gieße es in die Schüssel und rühre das Ganze um. Mit einem Tuch bedeckt lasse ich die Mischung drei bis vier Tage lang stehen und rühre sie gelegentlich um. Schließlich filtere ich den Sirup durch ein feines Tuch und fülle ihn in Flaschen ab.
Der fertige Sirup ist, an einem kühlen, dunklen Ort gelagert, etwa drei Jahre lang haltbar. Mit kohlensäurehaltigem Mineralwasser im Verhältnis 1:5 verdünnt ergibt der Sirup eine spritzige, sommerliche Erfrischung.
Ich serviere den Holundersirup auch gern, gemischt mit eiskaltem Sekt und einem Zweiglein frischer Minze, als blumigen Begrüßungscocktail bei Gartenfesten.

Indian Tea Party

ZUTATEN FÜR 1 GLAS:
1 Indianernesselblüte oder mehrere -blätter
½ TL Ceylon-Schwarztee

Die Blüten der Indianernessel (*Monarda*) haben das gleiche Aroma wie die Blätter, sind aber süßer und milder. Schütteln Sie die geernteten Pflanzenteile gut aus, um Insekten zu vertreiben, aber bitte nicht waschen. Dann überbrühen Sie die Blüte oder Blätter zusammen mit dem Tee mit 1 Tasse kochendem Wasser. Nach 3 Minuten abseihen. Lassen Sie den Tee zunächst abkühlen und dann im Kühlschrank richtig kalt werden.

Einen über den Durst trinken: Sicher kennen Sie das: Kinder wollen ständig etwas zu trinken, wenn es draußen heiß ist. Je älter wir werden, desto weniger ausgeprägt ist unser Empfinden für Durst. Damit wir dennoch genug Flüssigkeit zu uns nehmen, sollten wir öfter mal zwischendurch ein Glas Wasser trinken, auch wenn wir noch keinen Durst verspüren. Am besten geeignet ist stilles, nicht zu kaltes Mineralwasser.

Sommerliche Grillsaison

Meist wird Fleisch, manchmal auch Fisch auf den heißen Rost gelegt. Doch auch mit frischem Gemüse aus dem eigenen Garten können Sie im Handumdrehen köstliche Grillgenüsse zaubern.

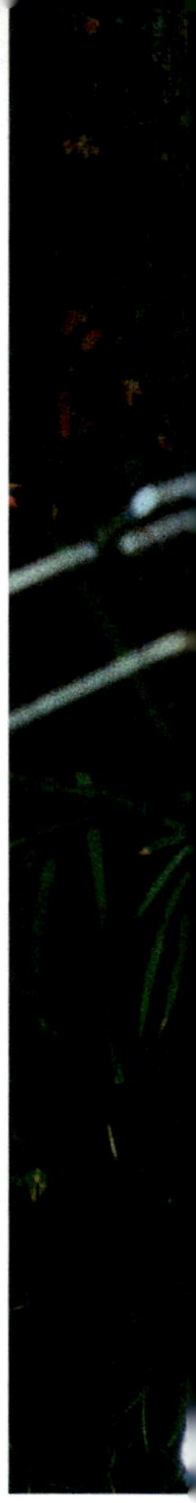

Gesund und leicht

Gemüsespieße, die auf dem Grill brutzeln, eignen sich gut für sommerliche Gartenpartys und sind auch bei Vegetariern sehr beliebt, die sonst beim Grillen oft zu kurz kommen. Zwar stammen nicht alle Zutaten aus dem eigenen Garten – kaum jemand wird selbst Champignons anbauen und auch Paprikaschoten reifen nur in klimatisch begünstigten Regionen oder im Glashaus. Aber Tomaten, Zucchini, Zwiebeln und Knoblauch gibt es in fast jedem Gemüsegarten.
Besonders praktisch: Sowohl die Spieße als auch der Dip lassen sich gut vorbereiten, sodass Sie ganz ohne Küchenstress Zeit für die Begrüßung der Gäste und ein paar nette Gespräche haben, bevor die Spieße auf den Grill gelegt werden.

Gemüsespieße mit Dip

ZUTATEN FÜR 4 PERSONEN:

2 Zwiebeln
1 rote Paprikaschote
1 gelbe Paprikaschote
2 Zucchini
16 kleine Champignons
1 Knoblauchzehe
Saft von 1 Zitrone
4 EL Olivenöl Extra Vergine
Salz
Schwarzer Pfeffer

ZUTATEN FÜR DEN DIP:

300 g vollreife Tomaten
½ rote Paprikaschote
1 Zwiebel
½ frische rote Peperoni
1 Knoblauchzehe
½ TL grüne Tabasco-Sauce
½ TL Zucker
½ TL Limettensaft
½ TL Weißweinessig
Salz
Schwarzer Pfeffer

Als Erstes häute ich die Zwiebeln und schneide sie in mundgerechte Stücke. Die Paprikaschoten befreie ich von Stängeln, Kernen und Scheidehäuten, die Zucchini von Blüten- und Stielansatz. Anschließend wasche und schneide ich beide Gemüse ebenfalls in mundgerechte Stücke. Die Champignons putze ich, wasche sie aber nicht. Aus dem zerdrückten Knoblauch, Zitronensaft, Olivenöl, Salz und Pfeffer mische ich eine Marinade.
Das vorbereitete Gemüse spieße ich abwechselnd auf acht Grillspieße. Am besten eignen sich solche aus Metall. Wenn Sie hölzerne Spieße verwenden, legen Sie sie eine halbe Stunde in Wasser ein, dann verbrennen sie auf dem Grill nicht so schnell. Anschließend pinsele ich die Spieße mit der Marinade ein und lasse sie eine halbe Stunde durchziehen, bevor ich sie auf den heißen Grill lege. Nach 15 – 20 Minuten sind sie gar.
Die Tomaten überbrühe ich etwa 30 Sekunden mit kochendem Wasser, damit ich sie leichter häuten kann. Anschließend entkerne ich sie und schneide das Fruchtfleisch in kleine Würfel. Die Paprikaschote befreie ich von Stängel, Kernen und Scheidehäuten und schneide sie ebenfalls in Würfel. Die Zwiebel häute ich und hacke sie sehr fein. Beim Entkernen und Hacken der Peperoni muss man vorsichtig sein: Entweder trägt man dazu Küchenhandschuhe oder wäscht sich anschließend sofort die Hände gründlich mit Seife –damit man sich die Schärfe nicht mit den Fingern in die Augen reibt. Die Knoblauchzehe zerdrücke ich, mische alle Zutaten, und würze mit Tabasco, Zucker, Limettensaft, Essig, Salz und Pfeffer. Etwa die Hälfte der Mischung verarbeite ich dann im Mixer oder mit dem Pürierstab zu einer glatten Paste. In diese Paste rühre ich die andere Hälfte der Gemüsewürfel, schmecke den Dip noch einmal ab und lasse ihn mindestens eine Stunde im Kühlschrank ziehen. Der Dip passt auch hervorragend zu Tacos und gegrilltem Fleisch. Wer es weniger feurig mag, lässt einfach die Peperoni oder die Tabasco-Sauce weg. Servieren Sie die Gemüsespieße und den Dip entweder mit frischem Baguette oder mit in Alufolie gegrillten Kartoffeln. Die Kartoffeln brauchen, je nach Größe, bis zu 50 Minuten, bis sie gar sind.

Tipps zum Grillen

Die Temperatur des Grills hängt ganz von der Art der Glut ab. Ideal ist es, wenn die Holzkohle nicht mehr mit offener Flamme brennt, sondern richtig durchgeglüht ist. Sie erkennen den richtigen Zeitpunkt zum Auflegen des Grillguts daran, dass sich eine weiße Ascheschicht auf den Holzkohlen bildet. Keine Sorge, die Hitze hält dennoch lange genug vor, um alles zu garen. Sie können Spieße, Steaks und Würstchen direkt auf den Rost legen oder Grillschalen aus Aluminium verwenden. Letztere verhindern, dass Fett in die Glut tropft und verbrennt.

Es müssen nicht immer große Fleischportionen sein. Gegrillte Gemüsespieße sind eine leichte Alternative.

Feuer auf der Zunge: Manchen Leuten kann es nicht scharf genug sein. Fast scheint es, als würden sie einen Wettbewerb daraus machen, wer die schärfste Peperoni essen kann oder die „heißeste" Soße verträgt. Weil Schärfe aber kein Geschmack, sondern ein Schmerzempfinden ist, bleiben dabei meiner Meinung nach das Aroma der Speisen und der Genuss auf der Strecke. Deshalb verwende ich Peperoni in der Küche nur sparsam und meistens die grüne statt der roten Tabasco-Sauce. Die grüne Variante ist aus Jalapenos, sie ist weniger scharf und der Eigengeschmack der Sauce kommt besser zur Geltung.

Süße Früchtchen

Oben: Himbeeren schmecken frisch gepflückt am besten, denn sie sind nicht lange haltbar.

Unten: Saftig-süße Biskuitschnitten zum Nachmittagskaffee.

Aromatische Himbeeren, süße Erdbeeren, erfrischend säuerliche Johannisbeeren in Rot, Weiß oder Schwarz – beim Anblick in der Sonne reifender Beeren läuft jedem Genießer das Wasser im Mund zusammen.

Direkt vom Strauch

Pflückfrische, aromatische Beeren aus dem eigenen Garten (siehe auch Seite 40) sind eine der Delikatessen, auf die ich nicht mehr verzichten möchte, auch wenn ich sonst nicht mehr viele Nutzpflanzen ziehe. Aus den süßen Früchtchen lässt sich eine Vielzahl köstlicher Desserts, Torten, Konfitüren und Gelees bereiten. Oder wie wäre es einfach mal mit einer Schale „Beeren pur", gekrönt von einem Häubchen Schlagsahne?

Biskuitrolle mit Himbeeren

Dies ist eine meiner Lieblingstorten – himmlisch leicht und herrlich fruchtig. Ich persönlich mag sie am liebsten mit Himbeeren, aber auch mit Erdbeeren, roten Johannisbeeren oder anderen süßen Früchten schmeckt eine Biskuitrolle köstlich. Sie ist das ideale Gebäck, wenn Sie an warmen Sommertagen Gäste im Garten begrüßen – fruchtig, kühl und zart.

Und das Beste daran: So ein Prachtstück sieht nach stundenlanger Küchenarbeit aus, ist aber schneller gemacht, als Sie denken. Am besten schmeckt eine Biskuitrolle übrigens, wenn Sie sie einen Tag vorher zubereiten und dann im Kühlschrank ruhen lassen.

Die Butter lasse ich in einem Topf bei sanfter Hitze schmelzen. Eigelb und Eiweiß trenne ich und gebe sie in zwei verschiedene Schüsseln. Das Eigelb rühre ich mit dem Zucker zusammen im Wasserbad zu einer dicken, weißlichen Creme. Das Eiweiß schlage ich zu festem Eischnee. Dann stäube ich das Mehl auf die Creme aus Eigelb und Zucker, ohne zu rühren. Ich gieße die zerlassene Butter hinzu und rühre ein Drittel des Eischnees vorsichtig darunter. Schließlich hebe ich den restlichen Eischnee unter.

Ein Backblech lege ich mit Backpapier aus, das ich mit Butter einstreiche. So löst sich der Biskuit auf jeden Fall nach dem Backen gut ab. Dann streiche ich die Biskuitmasse gleichmäßig dick auf das Blech und backe sie bei 180 °C im vorgeheizten Ofen 10–12 Minuten lang, bis sie hellbraun ist.

Wenn der Biskuit fertig gebacken ist, muss es schnell gehen: Ich stürze die heiße Teigplatte auf ein mit Kristallzucker bestreutes Küchentuch, pinsele die Papierfläche mit kaltem Wasser ein und ziehe sie von der Teigplatte ab. Die warme Teigplatte ist noch geschmeidig und lässt sich gut einrollen. Dazu nehme ich das Tuch an der Breitseite hoch. So rollt sich der Biskuit fast von selbst ein.

Für die Füllung schlage ich die Sahne steif. Den Zucker gebe ich erst am Schluss hinzu. Die Himbeeren zerdrücke ich und mische den Fruchtbrei unter die Sahne.

Vorsichtig breite ich die erkaltete Biskuitplatte wieder aus, bestreiche sie mit der Himbeersahne und rolle sie anschließend erneut vorsichtig ein. Zum Schluss wälze ich die Rolle in Kristallzucker. Bis zum Servieren stelle ich die Biskuitrolle in den Kühlschrank.

ZUTATEN FÜR DEN BISKUIT:

90 g Butter
6 Eier
175 g Zucker
150 g Mehl
Etwas Butter zum Bestreichen des Backpapiers
Kristallzucker zum Stürzen

FÜR DIE FÜLLUNG:

450 ml Schlagsahne
2 EL Zucker
250 g Himbeeren
Etwas Kristallzucker

Einfache Alternative: Mürbeteig

Nicht jeder traut sich an die Zubereitung von Biskuit. Sie können auch einfach einen Mürbeteigboden backen und mit frischen Gartenfrüchten belegen. Das geht wirklich kinderleicht. Alle Zutaten zu einem Teig verkneten und für 30 Minuten in den Kühlschrank stellen. Anschließend ausrollen und eine gefettete, runde Obstkuchen- oder Springform damit auskleiden. Mit der Gabel mehrmals einstechen und bei 200 °C (Umluft 180 °C, Gas Stufe 4) etwa 15 Minuten backen. Nach dem Auskühlen vorsichtig aus der Form lösen, mit Quark oder Sahne und Früchten belegen, eventuell mit Tortenguss überziehen.

ZUTATEN FÜR DEN MÜRBETEIG:

100 g Mehl
75 g Butter
50 EL Zucker
25 g gemahlene Mandeln
1 Ei
1 Prise Salz

Kleine Mürbeteigböden lassen sich mit gemischten Beeren fantasievoll belegen.

Den Sommer einfangen: Konfitüren und Gelees

Frisch geerntete Kirschen sollten rasch verarbeitet werden. Müssen Sie sie doch etwas aufheben, lagern Sie die empfindlichen Früchte locker und luftig, am besten in einem flachen Korb, damit sie nicht schimmeln.

Die Sonne im Glas – selbst gemachte Konfitüren und Gelees schmecken auch im Winter noch nach Sommersonne und sind so lecker, dass man eigentlich nie genug davon bekommt.

Süße Früchte im Glas

In fast jedem Garten gibt es Früchte, die sich zum Einkochen von Konfitüren und Gelees eignen: Äpfel, Kirschen, Pflaumen, Quitten, Pfirsiche, Aprikosen und natürlich die vielen Beerensorten! Oder haben Sie es schon mal mit Wildobst versucht? Auch aus Hagebutten, den Beeren des Schwarzen Holunders und sogar aus Zierquitten können Sie köstliche Leckereien zaubern. Wichtig ist bei allen Obstsorten, den richtigen Zeitpunkt für die Ernte abzupassen und nur saubere, vollreife und gesunde Früchte zu verwenden.
Wenn Sie keine Übung im Einkochen haben, beginnen Sie am besten mit einfachen Rezepten, etwa Erdbeer- oder Himbeerkonfitüre. Schon bald werden Sie auf den Geschmack kommen und Spaß am Kombinieren verschiedener Obstsorten finden, etwa Erdbeer-Rhabarber-Konfitüre, Apfel-Quitten-Gelee oder Stachelbeer-Kiwi-Konfitüre. Man kann die traditionellen Rezepte auch

mit Gewürzen aufpeppen. Zitronenschale verleiht allen Früchten eine noch fruchtigere, spritzige Note und eine Prise Zimt, Kardamom, etwas Ingwer oder schwarzer Pfeffer machen aus einer gewöhnlichen Konfitüre ein exotisches Geschmackserlebnis.

Köstliche Konfitüren

Als Konfitüre bezeichnet man Zubereitungen aus ganzen oder zerkleinerten Früchten und Zucker. Weil manche Früchte schlecht gelieren, können Sie Geliermittel oder Pektin, das meist aus Äpfeln gewonnen wird, verwenden. Als Marmelade werden offiziell nur Konfitüren bezeichnet, die aus Zitrusfrüchten hergestellt werden.
Mischen Sie die vorbereiteten Früchte und die gleiche Menge Zucker im Verhältnis 1:1 und bringen Sie alles und in einem großen Topf zum Kochen. Wenn die Masse mindestens 3 Minuten sprudelnd gekocht hat, machen Sie die Gelierprobe: Ein auf eine kalte Untertasse getropfter Klecks Konfitüre sollte nach dem Erkalten gelieren. Kochen Sie die Konfitüre so lange, bis Sie mit der Gelierprobe zufrieden sind. Dann füllten Sie die kochend heiße Konfitüre bis zum Rand in zuvor ausgekochte Schraubgläser. Schrauben Sie sofort den Deckel auf und stellen Sie die Gläser für einige Minuten auf den Kopf.

Mit einem Trichter gelingt das Einfüllen der Konfitüre leichter.

Gelees für Genießer

Für Gelees wird nur der klare Fruchtsaft verwendet, nicht aber das Fruchtfleisch. Sie können den Saft entweder durch Kaltpressung gewinnen oder mithilfe eines Dampfentsafters, wie ihn viele noch von der Großmutter kennen. Haben Sie keinen Dampfentsafter, können Sie die vorbereiteten Früchte auch mit ein wenig Wasser aufkochen und dann in einem sauberen Baumwolltuch über einer Schüssel abtropfen lassen. Das Tuch befestigen Sie ganz einfach an den vier Beinen eines auf den Kopf gestellten Hockers und stellen die Schüssel zum Auffangen des Safts darunter. Der Vorgang kann einige Stunden dauern. Während des Abtropfens bitte nicht im Fruchtbrei rühren oder ihn gar auspressen. Das trübt den Saft und somit auch das Gelee. Zum Kochen des Gelees mischen Sie den Saft mit Zucker. In der Regel verwendet man für 1 l Saft 1,3 kg Zucker. Das Einkochen funktioniert dann wie bei der Konfitüre.

Fruchtiges Mitbringsel: Wenn ich selbst gemachte Konfitüren oder Gelees verschenke, dann achte ich darauf, möglichst ausgefallene Sorten auszuwählen. Viele der Beschenkten haben selbst Regale voller Erdbeer- und Kirschkonfitüre. Über ein Glas einer ausgefallenen Sorte, die sie nicht selbst haben, werden sie sich sicher freuen. In meinem Garten wachsen zum Beispiel Weintrauben, grüne und violette Feigen sowie rote Weinberg-Pfirsiche. Die daraus bereiteten Konfitüren und Gelees sehen toll aus, schmecken köstlich und machen immer Eindruck.

Lecker und garantiert selbst gemacht

Frisch unter der Haube und bereit zum Verschenken.

Aprikosenkonfitüre – Sommeraroma pur!

Konfitüren und Gelees sind eine Leidenschaft von Gerlinde Walter. Früher hat sie die ganze Familie damit versorgt. Seit aber die Kinder aus dem Haus sind und der Garten mehr der Muße dient, ist das Einkochen eher eine Liebhaberei geworden. Dennoch verarbeitet Frau Walter alle Früchte, die sie im Garten findet, noch immer zu köstlichen Brotaufstrichen: Himbeeren, Erdbeeren, Kirschen und Johannisbeeren – wirklich wunderbar!. Aus Äpfeln und Birnen zaubert sie ein leckeres Fruchtmus. Weil sie so viele Ideen hat, quellen die Vorratsregale nach einer ertragreichen Saison über. Dann legt sie bei der Produktion auch schon mal ein Sabbatjahr ein – die Früchte schmecken ja auch frisch herrlich und können außerdem zu vielerlei Desserts und Kuchen verarbeitet werden. Auf die Frage, ob sie ein besonderes Lieblingsrezept für Konfitüre hat, antwortet sie: „Eigentlich liebe ich alles, was ich selbst eingekocht habe“. Und weil sie mit den Jahren so viele Varianten und Kombinationen ausprobiert hat, kommt ganz bestimmt keine Langeweile auf!

Service

Wo bekomme ich was?

Allerlei nützliche Gartengeräte und schöne Gartenmöbel

Brill Gartengeräte
Därmannsbusch 7
58456 Witten
www.brill.de
(Rasenmäher, Vertikutierer, Häcksler)

Fiskars Brands Deutschland
Oststraße 23
32051 Herford
www.fiskars.com
(Geräte zur Bodenbearbeitung, Gehölzpflege, Rasenpflege usw.)

Gardena
Hans Lorenser-Straße 40
89079 Ulm
www.gardena.de
(Bewässerung, Gartendusche, Rasenpflege, Gehölzpflege und Gartengeräte)

Garpa Garten & Park Einrichtungen
Kiehnwiese 1
21039 Escheburg bei Hamburg
www.garpa.de
(Gartenmöbel aus FSC-zertifiziertem Plantagen-Teak und aus Aluminium, Paravents, Sonnenschirme usw.)

Heinz Kettler
Hauptstraße 28
59469 Ense-Parsit
www.kettler.net
(Freizeitmöbel aus FSC-zertifiziertem Holz, Kunststoff, Aluminium und Stahl)

Tonnenhaus
Inhaber Reinhard Golbach
Hamburger Chaussee 7
24113 Molfsee
www.tonnenhaus.de
(breites Spektrum an Mülltonnenboxen, darunter auch versenkbare Tonnenhaus-Tiefgarage)

Richard Ward
Günztalstraße 22
87733 Markt Rettenbach
www.gartenbedarf-versand.de
(Gartengeräte und Zubehör im Versand, auch seniorenfreundliche Produkte)

Wolf Garten
Industriestraße 83–85
57518 Betzdorf/Sieg
www.wolf-garten.de
(Gartengeräte allgemein, zur Gehölz- und Rasenpflege sowie Zubehör, auch seniorenfreundliche Produkte)

Lauter Lieblingsbücher

Die folgenden Bücher finde ich hilfreich, um die vielen Fragen des Gartenalltags zu beantworten:

Meyer: Das Große Ulmer Gartenlexikon. Verlag Eugen Ulmer, Stuttgart 2012.
Unter alphabetisch geordneten Stichworten finde ich hier immer wieder Rat und Hilfe für alle Situationen – Gestaltung, Arbeitsweisen, Porträts aller wichtigen Nutz- und Zierpflanzen, Beschreibung und Bekämpfungsmethoden von Krankheiten und Schädlingen sowie viele praktische Schritt-für-Schritt-Anleitungen zu Spezialthemen.

Haas: Pflanzenschnitt. Verlag Gräfe und Unzer, München 2007.
Das Buch meines geschätzten Kollegen Hansjörg Haas führt in die Kunst des Pflanzenschneidens ein – gut geeignet sowohl für Anfänger als auch für Fortgeschrittene. Da kann man nichts mehr falsch machen!

Bärtels, von Berger, Barlage: Das Große Buch der Gartenpflanzen. Verlag Eugen Ulmer, Stuttgart 2013.
Ein ausführliches Standardwerk mit Informationen zur Gestaltung, Auswahl, Verwendung und Pflege von über 4500 wichtigen Gartenpflanzen. Mit einem umfassenden Porträtteil. Wir haben viel Herzblut in diese Buch gesteckt – ich hoffe, es hilft Ihnen bei Ihren Gartenabenteuern weiter.

Bücher, die Themen vertiefen, die im vorliegenden Buch angerissen, aber nicht ausführlich bearbeitet werden konnten:

Brown (Text) und Garrett (Fotos): Blüten zum Reinbeißen. Kaleidoskop-Buch im Christian-Verlag, München 2003.
Ein Buch mit vielen interessanten Fakten zur Verwendung von Blüten in der Küche. Für Feinschmecker und für Menschen, die mit allen Sinnen genießen. Leider nicht ganz billig, aber antiquarisch manchmal günstig zu bekommen.

Lehari, Boss-Teichmann, Pahler, Kleinod: Kräuter! Gartenspaß und Kochvergnügen. Verlag Eugen Ulmer, Stuttgart 2011.
Alles über Auswahl, Pflanzung und Pflege von Kräutern im Garten. Mit vielen Rezepten und Anleitungen zum Konservieren von Kräutern.

Nageleisen: Gärtnern im Quadrat. Reiche Ernte auf kleinem Raum. Verlag Eugen Ulmer, Stuttgart 2011.
Das Buch stellt eine originelle Anbaumethode in Form der Mischkultur vor, deren Ziel eine möglichst große und abwechslungsreiche Ernte auf kleiner Gartenfläche ist. Die Gartenarbeit nimmt so weniger Zeit in Anspruch als die Pflege eines großen Gemüsebeets.

Pearlman: Fit für den Garten. Verlag Eugen Ulmer, Stuttgart 2003.
Die Autorin Barbara Pearlman, Fitnessberaterin in New York und Besitzerin eines Landhauses mit Garten, gibt wertvolle Tipps, wie Sie sich im Garten richtig bewegen. Nicht nur Anfänger lernen in diesem humorvoll verfassten Ratgeber nützliche Entspannungs-, Dehn- und Stärkungsübungen kennen. Das Buch gibt es leider nur noch antiquarisch, dafür aber preiswert.

Klassiker, deren Lektüre immer wieder Freude macht und die Erfahrungen anderer Gartenfreunde widerspiegeln:

Foerster: Der Blaue Schatz der Gärten. Verlag Eugen Ulmer, Stuttgart 2006.
Immer wieder faszinierend, wie Karl Foerster seine innige Liebe zu Pflanzen, ja zur Natur überhaupt, auszudrücken vermag. Und blaue Rittersporne ... ach ja, wie schön sie doch sind!

Foerster: Freude und Ärger im Garten. Verlag Eugen Ulmer, Stuttgart 2001.
Ein ganz individuelles Gartenlexikon des großen Staudenzüchters und Gartenphilosophen. Viele Einträge sind mit einem Augenzwinkern verfasst und regen zum Schmunzeln an. Der Wiedererkennungseffekt ist manchmal erschreckend!

Sackville-West: Mein Garten. Piper Verlag, München 2001.
Die exzentrische englische Gartenlady plaudert aus dem Nähkästchen. Vergnüglich und kurzweilig – immer ein Genuss für alle, die abseits der ausgetretenen Pfade wandeln! Leider nur noch antiquarisch erhältlich.

Nichols: Große Liebe zu kleinen Gärten. Rowohlt Verlag, Reinbek 2002.
Wenn man dieses Buch gelesen hat, schaut man ein kleines Schneeglöckchen mit ganz anderen Augen an. Ich bekam die deutsche Erstausgabe (1933), schon etwas angegriffen vom Zahn der Zeit (aber umso charmanter), von einer sehr lieben Gartenfreundin geschenkt – und habe die ganze Nacht lang durchgelesen. Die Briten sind wirklich gartenverrückt.

Alles auf einen Klick

www.garten2null.de
Gartenblog des Verlags Eugen Ulmer, Informationen rund um Grünes und Blühendes.

www.hortipedia.de
Online-Datenbank botanischer Pflanzenporträts.

Wo finde ich was?

Bildquellen

A. L – Fotolia.com: Seite 148 u.
Annika Pohl – Fotolia.com: Seite 145 o.
Braun, Harald: Seite 60 u.
Büch, Christiane: Seite 23 re.
D. Ott – Fotolia.com: Seite 135 li.
Fleuchaus, Frank: U1, Seite 3, 5 re. u., 7, 10 o. re., 15, 16, 18, 22/23, 23 li., 26 o. li., 34/35, 35 u., 38, 40, 46 u. re., 46 o. li., 51, 52, 53, 54 u., 54/55, 55 u., 58 o. re., 63, 65, 68, 68/69, 69, 71 alle, 80, 85 o., 87, 90 o. li, 100/101, 101 o., 101 u., 102, 110 u. li., 110 o. re., 113 alle, 114 o., 115, 117, 118 re., 121 li., 123, 126 u. re., 129, 131, 136, 152/153, 154.
Flora Press/BIOSPHOTO/Jean-Michel Groult: Seite 81.
Flora Press/BIOSPHOTO/Lamontagne: Seite 107.
Flora Press/Botanical Images: Seite 39.
Flora Press/FocusOnGarden.de/Luckner: Seite 4 li. o., 4 re. u., 5 li. o., 44, 56, 66, 88.
Flora Press/FocusOnGarden/Becker: Seite 76 re.
Flora Press/Living & More: Seite 5 re. o., 124.
Flora Press/Orédia: Seite 85 u.
Flora Press/Practical Pictures: Seite 142, 144.
Flora Press/Robert Mabic: Seite 4 li. o., 5 li. u., 8, 108.
Flora Press/Tomek Ciesielski: Seite 86.
Flora Press/Visions: Seite 93.
Forelle66 – Fotolia.com: Seite 50.
Gaissmayer, Dieter: Seite 145 u.
iStockphoto/jupco: Seite 141.
Iwan, Carsten, Nullkommaneun, Visualisierungs- und Planungsbüro, Wolkersdorf, Österreich: alle Zeichnungen Seite 19.
Jack Jelly – Fotolia.com: Seite 149.
JayJay – Fotolia.com: Seite 118 li.
Kawollek, Wolfgang und Marco: Seite 105 li., 105 M., 105 re.
Krause, Antje: Seite 58 u. li., 62.
Krause, Christel und Hubertus: Seite 75.
Matrix Buchkonzepte Christina Modi & Maren Orlowski: Alle Blumenillustrationen und Blütenmuster
Mauritius images: Seite 6, 17, 42, 58 u. re., 64, 76 li., 79, 82, 90 u. re., 96, 97, 110 o. li., 122, 126 u. li., 128, 130, 133, 151.
Michlemeur – Fotolia.com: Seite 148 o.
Möhrle, Bigi: Seite 4 li. u., 24, 26 u. li., 30, 31 li., 31 M., 31 re., 46 o. re., 94, 103, 104, 119 o., 119 u., 121 re., 126 o. li., 137 o.
Newman, Rita: Seite 84, 110 u. re.
Petrabarz – Fotolia.com: Seite 61.
Racamani – Fotolia.com: Seite 153 u.
Redeleit und Junker: Seite 112, 114 u.
Schissler & Fey, www.deraugenblick.com: Seite 41.
StefanieB. – Fotolia.com: Seite 153 o.
StockFood/Firmston, Victoria: Seite 140.
Strauß, Friedrich: Seite 36.
Von Berger, Frank M.: Seite 10 o. li., 10 u. li., 10 u. re., 12, 13, 14, 21, 26 o. re., 26 u. re., 28, 29, 32, 35 o., 46 u. li., 48, 49, 58 o. li., 60 o., 67, 70, 71 u., 72, 73, 74, 90 o. re., 90 u. li., 92, 95 li, 95 M., 95 re., 98, 99, 106, 120/121, 126 o. re., 134, 137 u., 138, 139 li., 139 M., 139 re.,
Ysja – Fotolia.com: Seite 135 re.

Impressum

Die in diesem Buch enthaltenen Empfehlungen und Angaben sind vom Autor mit größter Sorgfalt zusammengestellt und geprüft worden. Eine Garantie für die Richtigkeit der Angaben kann aber nicht gegeben werden. Autor und Verlag übernehmen keinerlei Haftung für Schäden und Unfälle.

Bibliografische Information der Deutschen Nationalbibliothek
Die Deutsche Nationalbibliothek verzeichnet diese Publikation in der Deutschen Nationalbibliografie; detaillierte bibliografische Daten sind im Internet über http://dnb.d-nb.de abrufbar.

Wollgrasweg 41, 70599 Stuttgart (Hohenheim)
E-Mail: info@ulmer.de
Internet: www.ulmer.de
Konzeption und Projektmanagement: seitenWerk – publishing by ute rather, Hamburg
Lektorat: Antje Krause, Doris Kowalzik
Herstellung: Gabriele Wieczorek
Umschlagentwurf, Satz und Layout:
Matrix Buchkonzepte, Christina Modi & Maren Orlowski GbR, Hamburg
Druck und Bindung: Firmengruppe APPL, aprinta druck, Wemding
Printed in Germany

ISBN 978-3-8001-7948-0